Albert Mooren

Gesichtsstörungen und Uterinleiden

Albert Mooren

Gesichtsstörungen und Uterinleiden

ISBN/EAN: 9783743657649

Hergestellt in Europa, USA, Kanada, Australien, Japan

Cover: Foto ©berggeist007 / pixelio.de

Weitere Bücher finden Sie auf **www.hansebooks.com**

GESICHTSSTÖRUNGEN

UND

UTERINLEIDEN.

VON

DR ALBERT MOOREN

DIRIGIRENDEM ARZT DER STÄDTISCHEN AUGENKLINIK IN DÜSSELDORF.

SEPARATABDRUCK AUS KNAPP-HIRSCHBERG'S ARCHIV FÜR AUGENHEILKUNDE, X.

WIESBADEN.
J. F. BERGMANN.
1881.

Gesichtsstörungen und Uterinleiden.

Von jeher war es eine instinctive Ueberzeugung augenkranker Frauen, dass zwischen ihrem Leiden und den physiologischen Vorgängen der Menstruation ein inniger Zusammenhang bestehen müsse. Die Pathogenese dieser Beziehungen wurde von den Vertretern der vorophthalmoscopischen Augenheilkunde nicht selten in einer derartig abenteuerlichen Weise interpretirt, dass man sich nicht zu sehr darüber wundern muss, wenn von der neueren Ophthalmologie ein Zusammenhang dieser Erscheinungen eine Zeit lang gänzlich in Abrede gestellt wurde. Das Bestreben der jungen Wissenschaft, in jeder Gesichtsstörung nur eine Localerkrankung sehen und nur mit localen Mitteln heilen zu wollen, hat indessen in den Kreisen der practischen Aerzte niemals grossen Anklang zu finden vermocht. Und mit vollem Recht, denn es ist a priori undenkbar, dass die allgemeinen Einwirkungen des Gesammt-organismus auf die Einzelleiden auch nur einen Augenblick suspendirt sein sollten. Diese Thatsache enthält nur eine allgemeine Wahrheit, die auch dann noch wahr bleibt, wenn es uns nicht gelingt, überall die Fäden des Zusammenhangs nachzuweisen.

Man hat wiederholt die Bemerkung gemacht und noch in jüngster Zeit ist namentlich durch Baumeister hervorgehoben[1]), dass „unendlich viele Frauen an Menstruationsanomalien mit Circulationsstörungen leiden, ohne dass irgend welche Sehstörungen daraus resultiren". Dieser Satz ist an und für sich unbestreitbar richtig und doch für die hier behandelte Frage nicht beweisend, weil eben zu allgemein formulirt. Tausende und abermals Tausende von Menschen haben sich einer intensiven Erkältung ausgesetzt, ohne dass sie desshalb von einer Pneumonie oder einem Rheumatismus befallen wären und Schaaren von Arbeitern lagern im Sommer zur Mittagszeit auf einem feuchten Boden, ohne dass sich jemals bei ihnen eine Spur von Myelitis einstelle. Die Frage ist nicht so zu stellen: warum ist dieselbe Ursache nicht immer von derselben Wirkung gefolgt? Es ist vielmehr die Thatsache festzustellen, ob das einwirkende Medium, gleichviel welcher Art es sei, eine krankmachende Potenz für irgend einen Theil des Organismus abgeben kann. Hinsichtlich der Menstruation, beziehentlich ihrer aus den verschiedensten

---

[1]) Klinische Wochenschrift, No. 48, Jahrg. 1876.

2

Uterinleiden resultirenden Anomalien, muss die Möglichkeit einer Schädlichkeitseinwirkung auf jeden nur denkbaren Theil des Auges und zwar
auf Grund einer unendlich grossen Zahl von Beobachtungen hin unbedingt zugegeben werden.

Es ist keine Seltenheit, eine Staarpatientin zu sehen, bei welcher
der Eintritt der Menstruation selbst bis 14 Tage nach der Operation
von einem vermehrten Reizzustand des bis dahin reizlosen Auges, oft
sogar von leichten iritischen Erscheinungen gefolgt ist. Ausdrücklich
sei bemerkt, dass solche Erscheinungen sich bei vollkommen regelrechter
Menstruation constatiren lassen, weil damit eben nichts anders bewiesen
werden soll, als dass alle circulatorischen Störungen im Organismus die
Geneigtheit haben, die frische Operationswunde des Auges als den Ort
der verminderten Widerstandsfähigkeit zum Ausgangspunkt eines gestei-
gerten Reizzustandes, selbst einer frischen Entzündung zu machen.

Wenn diese Thatsache schon unter normal-physiologischen Verhältnissen unläugbar ist, so gewinnt sie eine unendlich grössere Tragweite
da, wo pathologische Processe einen besonders günstigen Boden für
ihren Einfluss abgeben; nicht in dem Sinne, als ob die aus der Menstruation resultirenden Circulationsstörungen überall die Causa movens
für ein vorhandenes Augenleiden bildeten, sondern in der Bedeutung
eines aggravirenden Momentes für eine Augenentzündung, deren Entstehen vielleicht in einer Sphäre liegt, welche zur Menstruation als solcher
nicht die geringsten Beziehungen hat.

Vor einigen Jahren suchte eine junge Dame aus Thüringen meine
Hülfe wegen einer doppelseitigen interstitiellen Keratitis. Das Leiden
nahm zur Zeit des Eintritts der Periode solche Dimensionen an, dass
die Augen vor Schmerzen und Lichtscheu Tage lang geschlossen blieben.
In der zwischenfreien Zeit bestand in so ferne ein halberträglicher Zustand, als es möglich war die Lider gegen Abend auf eine halbe Stunde
zu öffnen. Seit frühester Kindheit war Patientin nicht ohne ärztliche
Hülfe geblieben. Vor Eintritt der Pubertät waren die Entzündungserscheinungen oft Wochen lang ausgeblieben, aber anstatt mit dem Eintritt
dieser physiologischen Revolution eine Wendung zum Bessern zu nehmen,
begann da erst ein nie endender Entzündungszustand. Meine Diagnose
musste nach Zusammenfassen aller anamnestischen Momente auf eine
entweder vom Vater oder durch die Impfung übertragene Form larvirter
Syphilis gestellt werden. Trotz der ausgesprochenen Blutarmuth der
Patientin, des schiefergrauen Aussehens ihrer Haut und der dürftigen,
wenngleich regelmässig auftretenden Menstruation, wurde keinen Augenblick mit der Anwendung einer systematischen Inunctionskur gezögert.

Die innere Medication bestand neben einer kräftigen Diät in der continuirlichen Darreichung von Ferrum citr., aber mit der Modification, dass jedesmal vor Eintritt der Menstruation das Elixir propr. Paracelsi zweimal täglich ½ Theelöffel voll eingeschoben wurde. Die locale Behandlung der Augen beschränkte sich auf die Anwendung von Cataplasmen, jeden Abend eine Stunde lang durchgeführt. Als unter dem Einfluss dieser Behandlung eine jede Gefässbildung auf der Hornhaut erloschen war, wurden zur Lichtung der bestehenden Trübungen täglich Eserineinträufelungen gemacht. Nach 3 Monaten konnte die Heilung als perfect angesehen werden. Zur Nachkur wurde den ganzen Winter hindurch, vorübergehende kleine Unterbrechungen abgerechnet, ein Esslöffel voll Eisenleberthran pro die verordnet. Seit jener Zeit ist Patientin von keiner Entzündung mehr befallen worden und ebenso wenig hat sich jemals wieder eine monatliche Exacerbation ihres Leidens eingestellt. ·

Eine grosse Zahl von Beobachtern ist darin einig, dass die äusseren Bedeckungen des Auges, Bindehaut und Lider, in ihren entzündlichen Manifestationen den exacerbirenden Einflüssen der Menstruation zugänglich sind. Der Grund, warum in dem einen Falle sich diese Einwirkung zeigt, während sie in einem andern, scheinbar gleichen fehlen kann, ist unaufgehellt. Thatsache ist und bleibt, dass kein Ophthalmologe, der auf den Namen eines umsichtigen Therapeuten Anspruch machen will, diese Verhältnisse unberücksichtigt lassen darf. Wenn indessen eine so rasch vorübergehende physiologische Fluxion schon einen so weit gehenden Einfluss ausüben kann, dann muss ihre Einwirkung noch unendlich grösser werden, sobald der Eintritt oder Nichteintritt der Menstruation einen pathologischen Character annimmt. Und so ist es in der That. Nichts ist in dieser Hinsicht frappanter, als ein chronisches Trachom zu sehen, dessen Trägerin zufällig ein junges, noch nicht zur Entwickelung gelangtes Mädchen ist. Der Zeitpunkt der Molimina menstrualia, mag dabei die Menstruation spärlich oder unregelmässig auftreten, gibt fast immer den Anlass zu dem Auftreten neuer trachomatöser Nachschübe. Mir ist ein Fall ganz besonders erinnerlich, in dem ein junges 14jähriges Mädchen mit exquisiter doppelseitiger Keratitis pannosa behaftet, trotz aller scharf ausgesprochener Molimina menstrualia nicht zur Menstruation gelangen konnte und dabei alle vier Wochen von derartig heftigen Entzündungen befallen wurde, dass die ganze Behandlung ein ganzes Jahr hindurch rein illusorisch blieb. Erst mit dem Eintritt der Menses änderte sich die Scene, aber die Hornhaut des rechten Auges war derartig transsudirt gewesen, dass sie noch heute einen äusserst unregelmässigen, wenngleich durchsichtigen Kegel bildet.

Die völlige Abwesenheit dieser physiologischen Blutungen beobachtete ich im Sommer des Jahres 1857 bei einer äusserst kräftigen Bäuerin. Sie war damals 28 Jahre alt und wegen der dürftigen Entwickelung ihres Uterus niemals menstruirt gewesen. Monatlich zeigte sich eine unerträgliche Hitze und Schwellung des Gesichts. Seit dem 15. Lebensjahre bestand eine beiderseitige interstitielle Hornhautentzündung, die jeder Therapie getrotzt hatte und in regelrechten vierwöchentlichen Abständen von einer mehrere Tage anhaltenden Exacerbation begleitet war. Die Darreichung starker Emenagoga und der Gebrauch des Friedrichshaller Bitterwassers erzwang ein paar Mal einen spärlichen Blutabgang. Es war auffallend, wie unendlich gross der Zustand des Behagens für die, wie durch einen Zauberschlag von ihrer Lichtscheu und ihren Schmerzen befreite Patientin wurde. Nur 12—14 Wochen dauerte dieser Zustand relativen Glücks; die Menstruation stellte sich trotz aller verordneten Mittel nicht wieder ein und die Augen wurden wieder wie sie bereits 13 Jahre lang gewesen waren.

Was nun die Scleralerkrankungen anbelangt, so ist dabei die Prävalenz immer auf Seiten des weiblichen Geschlechts. Bei der dunklen Aetiologie des episcleralen Krankheitsprocesses möchte es indessen noch immer gewagt sein, aus dem häufigen Vorkommen des Leidens bei Frauen den Schluss zu ziehen, als müssten überall Uterinstörungen zu Grunde liegen. Unzweifelhaft gewiss ist nur, dass die Anwesenheit von Menstruationsstörungen protrahirend auf die Dauer einer Episcleritis einwirkt und selbst das Auftreten einer iritischen Complication begünstigt. Einen Fall habe ich gesehen, in welchem eine schleichende Metritis mit Lageveränderungen wohl als Ursache der auftretenden Episcleritis angesehen werden muss. Das rechte Auge der etwa 45jährigen Patientin wurde zuerst ergriffen, als sie sich der örtlichen Behandlung einer mit Retroflexion einhergehenden Geschwürsbildung am Collum uteri unterzogen hatte. So oft die Vaginalportion touchirt oder das Pessarium frisch eingeschoben war, konnte jedesmal ein Nachschub von Episcleritis mit heftigen Ciliarneuralgien constatirt werden. Ein Jahr mochte seit dem Ablaufen der rechtsseitigen Episcleritis verstrichen sein, als auf neue Uterinbeschwerden hin der episcleritische Process auch auf dem linken Auge ausbrach, jedesmal mit einer Steigerung der Entzündungserscheinungen einhergehend so oft das Uterinleiden eine eingreifende locale Behandlung erfahren hatte.

Es ist eine ziemlich allgemein verbreitete Ansicht, dass Menstruationsanomalien es ganz besonders lieben, ihre schädliche Einwirkung auf's Auge in irgend einem Theile des Uvealtractus zur Geltung zu bringen.

Ohne die Richtigkeit dieser Meinung von vornherein zuzugeben oder zu leugnen, unterliegt es doch gar keinem Zweifel, dass das Auftreten eines iritischen Processes unendlich häufiger beim männlichen als beim weiblichen Geschlechte vorkommt und zwar desshalb, weil die Iritiden in der Mehrheit der Fälle durch äussere Schädlichkeitseinwirkungen, wie Erkältungen und Traumen, hervorgerufen werden. Indessen ergab eine Zusammenstellung einfacher Iritisformen durch Dr. L u d o w i g s mit sorgsamer Eliminirung derjenigen Fälle, die durch Traumen bedingt waren, dass wir im vorigen Jahre mehr Iritiden bei Frauen als bei Männern verzeichnen konnten und zwar so, dass 16 weiblichen Fällen 12 männliche gegenüberstanden. Entzündungen der Iris bei Frauen als Ausdruck irgend einer Menstruationsstörung sind allerdings relativ selten; sie kommen am häufigsten bei blutarmen, durch Entbehrungen heruntergekommenen Individuen vor, wenn die menstruale Thätigkeit durch Einwirkung der Kälte auf Füsse oder Unterleib plötzlich unterdrückt wird. Grösser und intensiver wird der Einfluss der menstrualen Anomalie, wenn in Folge einer vorausgegangenen Iritis oder durch Fortwandern eines chorioidealen Entzündungsprocesses auf die Iris es bereits zu mehr oder minder umfangreichen Synechienbildungen gekommen ist. Selbst unter solchen Verhältnissen beobachtet man indessen nur ausserordentlich selten einen wirklichen Nachschub der primären Entzündung, häufiger schon sind kleine Blutaustritte in die vordere Kammer zu verzeichnen und, was mich ausserordentlich häufig frappirte, mehr oder minder umfangreiche temporäre Obscurationen des Gesichtsfeldes eben zur Zeit' der menstrualen Vorgänge. Fügen wir zu jenen flüchtigen Bemerkungen jene Erfahrungen, die durch eine Reihe ausgezeichneter Beobachter, wie H i r s c h b e r g , S a m e l s o h n , B a u m e i s t e r u. s. w. festgestellt wurden, füge ich dazu jene Beobachtungen, die ich bereits vor vielen Jahren über die verschiedensten Erkrankungsformen der Chorioidea, der Retina und des Opticus gemacht und seit jener Zeit immer mehr bestätigt gefunden habe, dann darf ich mit Bestimmtheit den Ausdruck wagen, dass es kein Gebilde des Auges gibt, welches den Einwirkungen eines Uterinsystems, physiologisch oder pathologisch genommen, unzugänglich bliebe.

Hätten meine Anschauungen über den Einfluss des uterinalen Erkrankens auf das Zustandekommen von Gesichtsstörungen sich nicht erst allmälig entwickelt und hätten sie sich nicht erst gewissermaassen mosaikartig aneinander zu reihen gebraucht, so wäre ich heute in der Lage, aus einer mehr als 105,000 Fällen umfassenden klinischen Statistik eine genaue Aufstellung des procentalischen

Vorkommens der Einzelstörungen und der einwirkenden Ursachen zu geben, so indessen muss ich mich damit begnügen, jene Beobachtungen wiederzugeben, die zum grössten Theile bereits im Herbste 1878 niedergeschrieben waren und die ich durch einen längeren Aufenthalt in der gynaekologischen Klinik von A. M a r t i n in Berlin genauer controliren gelernt hatte. Vergebens habe ich mich in der Literatur nach statistischen Daten umgesehen, die im Stande wären, Licht auf diese noch wenig gekannten Verhältnisse zu werfen. Ich finde nur eine Dissertation von L a n g (15. März 1880), die das Material der H i r s c h b e r g'schen Klinik nach der Seite der Amblyopien hin zu verwerthen sucht. Unter 28,509 Patienten, die binnen 9½ Jahren in Behandlung traten, wurde bei 27 Frauen extraoculare Sehnervenatrophie beider Augen ohne ophthalmescopisch wahrnehmbare sichere Zeichen von Entzündung der Sehnerven gefunden, während in 7 Fällen einseitige Sehnervenatrophie unter ähnlichen Verhältnissen aufgetreten war. In 31 Fällen war bei Frauen neuritische resp. papillitische Atrophie des Sehnerven diagnosticirt worden; 5 davon waren einseitig. In ätiologischer Hinsicht liess sich die Sonderung machen, dass 2 Fälle im Verlauf acuter Krankheiten (Typhus, Pocken) aufgetreten waren, 2 Fälle waren durch Blutung bedingt (Metrorrhagie), 1 Fall konnte zu der bei Männern so häufig vorkommenden hereditären Neuritis gerechnet werden. Ziemlich sicher konnte Luës in 3 Fällen angenommen werden, mit Wahrscheinlichkeit auch in mehreren anderen. Mehr oder minder hervorstehende Hirnsymptome finden sich in 11 Fällen, bei mehreren die Zeichen einer intracraniellen Neubildung, 2 Fälle betrafen Erblindung in der Kindheit, 6—7 Fälle Neuritis vero hysterica bei mangelhaft entwickeltem Uterus, 3 waren einseitig, einer von Periostitis orbitalis abhängig. Gering war die Zahl der Amblyopien. 3 Fälle waren durch Diabetes bedingt, kein einziger typischer Fall von centralem Scotom bei freier Gesichtsfeldperipherie und normalen Farbengrenzen. Von 5 Fällen, die überhaupt als Scotoma centrale notirt sind, waren 3 einseitig. Weitere 11 Fälle, die als Amblyopie ohne Befund bei Frauen notirt sind, characterisirten sich theils als sehr leichte Fälle mit unbestimmter Klage der Patienten, theils als unklare (Anaesthesia retinae), dazu traten noch 4 Fälle sogen. hysterischer Amblyopie. Angeborene Amaurose ohne entzündliche Residuen im Augenhintergrund kam zweimal bei weiblichen Kindern vor. Aus diesem relativ so seltenen Vorkommen weiblicher Gesichtsstörungen, beziehentlich ihrem Zusammenhangsverhältniss mit Uterinstörungen bei einem so grossen Krankenmaterial, möchte ich fast den Schluss ziehen, dass H i r s c h b e r g, ähnlich wie

ich, erst in späteren Jahren angefangen hat, diesem ätiologischen Causal-
nexus eine grössere Aufmerksamkeit zuzuwenden. Unter 5507 Patienten, die sich vom 1. Januar bis 31. December 1880 als neue Fälle in meiner Klinik präsentirten, befanden sich 2907 männliche und 2600 weibliche Individuen, Erwachsene und Kinder durch-
einander gerechnet. Dr. Ludowigs unterzog sich der Mühe, eine genaue Statistik derjenigen Einzelerkrankungen anzufertigen, welche möglicher Weise eine Beziehung zu Uterinleiden hervortreten liessen, mit gleichzeitiger Angabe der solchen Fällen gegenüberstehenden männ-
lichen Erkrankungen. Alle Fälle, die auf Luës basirten oder durch ein Trauma bedingt waren, wie nicht minder alle Entzündungsformen der kindlichen Augen, wurden von vorneherein nicht mit in Betracht gezogen. Wenn man will, so handelt es sich in der nachstehenden Uebersicht nur um spontane Erkrankungen vom Beginne der Pubertätsentwickelung mit genauer Angabe des ein- und doppelseitigen Vorkommens.

No.	Nomen morbi.	Männlich.		Weiblich.	
		I.	II.	I.	II.
1	Morbus Basedowii	—	—	—	2
2	Episcleritis	2	—	8	1
3	Keratitis interstitialis	8	8	12	16
4	» profunda	2	3	11	9
5	» punctata c. Iritide serosa . . .	—	—	6	1
6	Iritis	12	—	16	1
7	Irido-chorioiditis	10	9	12	22
8	Chorioiditis latens	3	3	3	4
9	» glaucomatosa	3	1	1	—
10	» disseminata, areolaris, atrophica	6	1	5	4
11	Myodesopsie	—	8	8	13
12	Obscuratio corporis vitrei	4	—	9	3
13	Hyperaesthesia retinae	1	4	—	10
14	Hyperaemia ret. vel nervi opt. e menstruatione irregulari, vel hyperaemia meningiali . .	1	5	5	31
15	Apoplexia capill. Retinae und Chorioideae .	8	—	11	1
16	Solutio retinae	33	3	18	2
17	Amblyopia c. Metrorrhagia	—	—	2	3
18	Neuritis optica et Neuroretinitis . .	5	7	6	23
19	Asthenopia ex anaemia	—	5	—	40
20	Insuff. m. recti interni ex anaemia . . .	7	—	17	—
		105	57	150	186
		162		336	

Demnach stehen 162 männliche, 336 weiblichen Fällen gegenüber und zwar so, dass auf 105 einseitige männliche Erkrankungen 150 weibliche kommen, während die Anzahl der doppelseitigen männlichen Erkrankten sich auf 57 und die der weiblichen auf 186 beläuft. Diese Zahlen repräsentiren in einem Worte 32½ % männliche und 67½ % weibliche Sehstörungen. Wenn wir auch hier nicht in die näheren ätiologischen Details treten wollen, so beweisen diese Zahlen doch mit aller Evidenz, dass beim weiblichen Geschlecht eine Schädlichkeitsursache bestehen muss, die dasselbe dem männlichen Geschlecht gegenüber zu solchen Erkrankungen ganz besonders disponirt.

Nach dem tausendstimmigen Urtheil der ganzen medicinischen Welt ist der Mittelpunkt der physiologischen und pathologischen Vorgänge beim weiblichen Geschlecht in den Functionen des Uterinsystems zu suchen. Nun ist es aber eine allgemein feststehende Thatsache, dass die Erregung eines beliebigen sensiblen Nervs nicht blos reflectorisch auf andere Nerven von gleicher oder verschiedener Energie, sondern auch auf die Füllung oder Entleerung entfernter Gefässbezirke, die zu dem ursprünglich erregten Nerven vielleicht in keinem anatomischen Zusammenhang stehen, einen derartigen Einfluss haben kann, dass kein Physiologe im Stande ist, die Tragweite der primären Erregung a priori mit Bestimmtheit festzustellen. Kein Theil des gesammten Nervensystems, sei er central oder peripherisch gelegen, ist von diesem allgemeinen Gesetz ausgeschlossen. Und so kommt es denn auch, dass alle Reizungs- und Entzündungsvorgänge, wenn sie auch nur die auskleidende Schleimhaut des Genitalkanals tangiren, auf die Länge der Zeit fähig werden, retinale Hyperästhesie und accommodative Asthenopie zu erzeugen. Auf das Zustandekommen dieser pathologischen Secundärstörungen, wenn ich mich so ausdrücken darf, influenziren nicht nur die Intensität des localen Leidens, sondern auch die individuelle Disposition. Im Allgemeinen darf man sagen, dass die genitale Affection in demselben Umfange als krankheitserregende Potenz auf's Auge wirkt, je mehr sie einen durch vorausgegangene Erschöpfungszustände bereits empfänglich gewordenen Boden vorfindet. Wenn schon die blosse Introducirung eines Mutterspiegels, wie ich wiederholt beobachtete, fähig ist durch die damit verbundene Dehnung der Vaginalwandungen eine vorübergehende Ermüdung des Gesichts bei ganz besonders empfindlichen Individuen zu erzeugen, so ist es nur eine logische Consequenz dieser einfachen Thatsache, dass fortgesetzte Masturbation die Reihe der angedeuteten Gesichtsstörungen im ausgedehntesten Maasse hervorrufen muss. Eine äusserst kräftig aussehende 24 Jahre alte Frl. N. aus der Provinz

Luxemburg gestand mir unter vielen Thränen vor etwa 8 Jahren, dass sie seit ihrem 15. Lebensjahre der Onanie ergeben sei. Die accommodative Schwachsichtigkeit und die Empfindlichkeit gegen jede nur in etwa helle Beleuchtung waren von Jahr zu Jahr in einer für die Patientin beunruhigenden Weise gewachsen. Die kleinen Labien hingen gleich ausgedehnten Strängen aus den klaffenden Schamlippen hervor; die ungewöhnlich grosse Clitoris bildete den Ausgangspunkt jener Reizerscheinungen, die sich bis zur höchsten Höhe dyspnoëtischer Beschwerden steigern konnten, so dass ich der Unglücklichen rathen musste, die Amputation jenes Organes vornehmen zu lassen. — Bei einer südamerikanischen Dame, die nach der Aussage des sie begleitenden Arztes seit frühester Jugend die Sclavin ihrer Laster gewesen war, bestand eine so colossale Hyperästhesie, dass Patientin kaum noch den Glanz eines fremden Auges zu ertragen vermochte, daneben war die Accommodation so völlig gelähmt, dass Convex 6 zur Beschäftigung für die Nähe nothwendig war; zu diesen Störungen trat zuweilen eine grosse Empfindlichkeit des Ciliarkörpers und früher hatte es der Patientin geschienen, als rückten die Objecte weiter ab und würden damit zugleich kleiner. Die subjectiven Beschwerden, welche aus diesen Verhältnissen resultiren, sind ausserordentlich verschieden; zuweilen zeigen sich dyspnoëtische Erscheinungen, ein anderes Mal sieht man, dass in Folge dieser für den Organismus so sehr depotencirenden Einwirkungen sich eine steigende Blutarmuth ausbildet und damit Unfähigkeit des anhaltenden Fixirens für die Nähe eintritt, als deren anatomisches Substrat eine Insufficienz des M. recti interni zu constatiren ist. Nach acuten Entzündungen der Vulva und ebensowenig nach Abscessbildung in der Bartholini'schen Drüse habe ich bisher niemals consecutive Gesichtsstörungen beobachtet, vorausgesetzt, dass meine relativ geringen Erfahrungen nach dieser Richtung hin als beweisend gelten können. Von Acnepusteln indessen, die sich von den äusseren Genitalien auf die Schleimhaut verbreiteten und von dort aus Anlass zu den qualvollsten Erscheinungen geben, sah ich ähnliche Gesichtsstörungen, wie die oben erwähnten, eingeleitet. Ich entsinne mich ganz besonders einer zu Ende der 30 stehenden unverheiratheten Dame, die tadellos von Sitten, jede Nacht 4- bis 5 mal durch das unerträglichste Jucken aus dem Bette getrieben wurde. Abgesehen von einigen Psoriasisflecken am Halse, an den Fingern und Beugestellen der Arme, die ich als Residuen einer in den früheren Generationen überstandenen Syphilis deuten musste, war das Allgemeinbefinden ziemlich befriedigend. Die Verbreitung der Acnepusteln auf die inneren Genitalien hatte dort, im Verein mit dem unaufhörlichen Kratzen, eine derartige Entzündung und Schwellung der Mucosa hervorgerufen, dass nicht einmal calmirende Injectionen ertragen wurden. Erst die tägliche Einlegung von Morphiumsuppositorien und lange Zeit fortgesetzte lauwarme Sitz- und Vollbäder beseitigten den Entzündungsreiz so weit, dass die Application leichter Carbollösungen ertragen wurde. Dieses Mittel bewirkte im Verein mit der inneren Darreichung von Solutio arsen. Fowleri eine derartige Erleichterung, dass das Leben der Aermsten wieder erträglich wurde und sie fähig ward sich Stunden, dann Tage lang mit Lectüre zu beschäftigen. Identische Störungen beobachtete ich nach reinem P r u r i t u s v a g i n a e, einer Krankheit, die man wohl als Neurose des Nervus pudendus gedeutet hat und daher a priori für fähig halten wird, eine Hyperästhesie der Netzhaut zu erzeugen. Ob V a g i n i s m u s im Stande ist, eine ähnliche Reflexwirkung hervorzurufen, lasse ich dahingestellt, denn ich habe die Krankheit bis jetzt niemals zu sehen Gelegenheit gehabt. Wenngleich mir somit alle darauf bezüglichen Erfahrungen fehlen, so möchte ich es doch für wahrscheinlich halten, dass eine gleiche Einwirkung auf das Auge stattfinden kann. Dagegen hatte ich Gelegenheit, dieselbe Reihe der uns beschäftigenden Reflexerscheinungen nach jenen papillären Wucherungen an dem Orificium urethrae zu sehen, die, so häufig sie auch bis jetzt in England beobachtet wurden, auf dem Continent doch immer noch zu den grossen Seltenheiten gehören. Die colossale Empfindlichkeit dieser Wucherungen, welche oft nicht einmal die leichte Berührung mit einem Sondenknopf gestatten, macht das Leben der damit behafteten Frauen zu einem rechten Martyrium und ihre Reflexerregbarkeit, sowohl hinsichtlich des Gesichts wie des Allgemeinbefindens, wächst zu einer so ungewöhnlichen Höhe, dass derartige Patientinen sich nur vermöge der grössten Selbstbeherrschung in der Gesellschaft bewegen können.

Bei einer französischen, leicht hypermetropischen Dame ($^{1}/_{28}$) war die Empfindlichkeit des Kopfes derart gesteigert, ·dass nicht einmal der Druck eines metallenen Brillengestelles ertragen wurde. Es fehlte nach jeder Richtung hin an irgend welcher Ausdauer im Sehen, trotzdem die Sehschärfe an und für sich wohl tadellos zu nennen war; der Ciliarkörper war nirgends empfindlich, die Netzhauthyperästhesie aber so gross, dass Patientin den Besuch eines hellerleuchteten Salons mit ängstlicher Sorgsamkeit meiden musste. Erst als das Angioma polyposum längere Zeit mit Cupr. sulphur. cauterisirt und eine Pillencomposition aus Kali bromat. mit Lupulin consequent Monate hindurch gebraucht war, wurde es möglich eine Convexbrille mit Schildpattgestell bei der Arbeit zu tragen. Die operative Beseitigung der carunculösen Wucherungen, welche ich der Patientin vorgeschlagen hatte, wurde leider nicht acceptirt. — Hinsichtlich der Wahl der Brillengestelle möge hier die Bemerkung gestattet sein, dass ich eine ausserordentlich grosse Zahl von Frauen, kaum jemals Männer, gesehen habe, denen das Tragen von Metallgestellen, gleichviel in welcher Form, die stärkste Eingenommenheit des Kopfes, selbst bis zur Brechneigung zu, hervorrief, während Schildpattgestelle mit Leichtigkeit, sogar mit Behagen ertragen wurden. Bei einer grossen Zahl dieser Fälle lag a priori kein Verdacht auf Uterinleiden vor. Die Thatsache indessen, welche ich hier anführe, habe ich seit länger als 23 Jahren in meiner Praxis constatirt; sie hat etwas so Eigenthümliches und Befremdendes, dass ein der Sache fern Stehender wohl geneigt sein könnte, ihre Richtigkeit in Zweifel zu ziehen. Und doch kann ich ihre Richtigkeit auf's Strengste verbürgen, vielleicht liegt der Schlüssel zu diesen räthselhaften Erscheinungen auf dem Gebiete der Metalloscopie.

Die angeführten Thatsachen beweisen, mit welcher Leichtigkeit selbst relativ geringe Vaginalerkrankungen den Herd einer reflectorischen Einwirkung auf das Auge abgeben. Und doch ist die Patientin noch glücklich zu preisen, wenn die Reflexwirkung eine so geringe bleibt, wie wir sie bisher kennen gelernt haben. Noch unendlich zahlreicher sind diejenigen Fälle, in denen unter dem Einfluss der reflectorischen Erregung der Grund zu tieferen Veränderungen des Augenhintergrundes gelegt wird.

Die etwa 32jährige Frau eines mir sehr befreundeten Herrn, welche mich bereits vor 18 Jahren als Mädchen wegen eines centralen Chorioidealexsudats des linken Auges consultirt hatte, während das rechte Auge bei untadelhafter Sehschärfe eine durch Sclero-Chorioid. post. bedingte Myopie von $^1/_8$ aufwies, trat ein paar Jahre nach ihrer Verheirathung in die Behandlung eines berühmten Gynäkologen, da eine Reihe stark entwickelter Naboth'scher Follikeln angefangen hatte ihr einige Beschwerden zu machen. Die kleinen operativen Eingriffe, welche das Leiden erforderte und stets mit jeder nur denkbaren Schonung und Umsicht vorgenommen waren, erzeugten vor und nach im Verein mit der Introducirung des Mutterspiegels derartig sonderbare Erscheinungen von Schwere im Kreuz und den Beinen und schliesslicher Umflorung des Gesichts, dass die Dame ihre wachsende Unruhe und Aufregung dem behandelnden Arzte gegenüber nicht mehr zurückzuhalten vermochte. Die Klagen wurden indessen stets als unbegründet angesehen, das Uterinleiden schliesslich als geheilt erklärt und Patientin mit der Weisung nach Schlangenbad entlassen, dort noch Injectionen in die Vagina mit einer mässig starken, leicht laulichen Kochsalzlösung zu machen. Bereits nach den ersten Einspritzungen traten so auffallende Symptome auf, dass Patientin ihre Beine kaum noch bewegen konnte,

von den Oberschenkeln bis zu den Füssen hinunter zeigte sich subjectiv
und objectiv ein eisiges Kältegefühl, während der Oberkörper und ganz
besonders der Kopf mit einer unerträglichen Gluth übergossen wurde.
Unter der Wirkung dieser auftretenden Circulationsstörung verdunkelte
sich das Sehfeld oft für einige Minuten ganz und gar. Als indessen
Patientin, getreu der ihr gewordenen Weisung, die Injectionen fortsetzte,
trat zu den früher erwähnten Erscheinungen ein Gefühl, als wolle das
Herz stille stehen; dann steigerten sich wieder die Verdunkelungen des
Gesichts um nach einem neuen Gefässsturm zu einer umfangreichen Ablösung der Netzhaut auf dem rechten Auge zu führen.

Einige Monate waren nach dem Eintritte dieser Katastrophe ver-
gangen, als ich die Dame wieder sah. Die Kälte und Schwere der
Beine bestand noch immer fort, ab und zu stellten sich, und ganz
besonders dann, wenn eine Thüre unerwartet zugeschlagen wurde, die
heftigsten Congestionen des Kopfes bis zum Schwindeligwerden ein,
jedesmal mit dem sonderbaren Gefühl verbunden, als ob aus der Tiefe
des rechten Ovariums sich ein schmerzhaftes Gefühl bis zum Kopfe
hinzöge. Die völlige Transparenz des Glaskörpers und die Integrität
der Pupillarbewegungen, welche ich bei der Untersuchung des Auges
constatirte, würden mich damals schon bestimmt haben, die Punctiou
der Netzhaut vorzunehmen, wenn ich es nicht nach sorgsamer Erwägung
aller Verhältnisse für unbedingt nothwendig erachtet hätte, erst die
vom Ovarialnerven ausgehende Quelle der Reflexvorgänge zu unterbrechen.
Therapeutisch wurde desshalb der Patientin zuerst Kal. bromat. 4,0,
Lupulini 6,5, Pulv. rad. Rhei 1,5, Extr. cent. min. q. s. zu 120 Pillen
verordnet mit der Weisung, davon dreimal täglich 3 Pillen zu nehmen.
Dabei wurden die Füsse des Abends mit einem Priessnitz'schen
Umschlag bedeckt, um durch Erwärmung der Füsse das Blut nach den
peripherischen Theilen des Organismus hinzuziehen. Bei besonders
starker Eingenommenheit des Kopfes sollte auch dieser noch eine Stunde
vor Schlafengehen mit einer Eisblase bedeckt werden. Sechs Wochen
hindurch war diese Therapie ohne nennenswerthen Erfolg durchgeführt,
als eine profuse Uterinblutung auftrat und eine zeitweilige Unterbrechung
der Behandlung nothwendig machte. Ich habe die Patientin seit dieser
Zeit nicht mehr gesehen, vermag also nicht anzugeben, ob meine Ver-
muthung, dass es sich um eine durch Ovarialreizung bedingte Metrorrhagie handele, richtig ist oder nicht.

Legen wir uns zunächst die Frage vor, ob die Erscheinungen,
welche im Laufe dieser Darstellung angeführt wurden, zufällige Complicationen sind oder ob sie durch ein gemeinsames Band anatomisch-

physiologischer Vorgänge zusammengehalten werden, so kann darauf
mit positivster Bestimmtheit erwidert werden, dass sie auf einer unan-
fechtbaren Unterlage beruhen. Die schönen Untersuchungen von Prof.
Röhrig[1]) haben es zur vollsten Evidenz erwiesen, dass die electrische
Reizung des Ovariums den Gesammtblutdruck steigert und jede Druck-
erhebung von einer prägnant ausgesprochenen Reizung des ·Vagus
begleitet ist. Damit rufen die centripetal leitenden sensiblen Ovarialnerven in ihrer Einwirkung auf den Vagus eine Verminderung der Herzcontractionen hervor und geben uns so den Schlüssel, warum oft selbst
die glänzendst ausgeführte Ovariotomie nicht selten einen lethalen
Ausgang durch unerwartete Paralyse des Herzens nimmt. Die Ovarialnerven verlassen, um Röhrig's eigene Worte zu gebrauchen, die Aorta
vom zweiten Ganglion renale und dem Plexus spermaticus und senken
sich von der starken Arteria und Vena spermatica begleitet nach dem
Eierstock, in welchem sie sich, dem Laufe der Gefässe folgend, in kleine
Stämmchen einbetten. Die Ovarialnerven sind es, die durch ihre Verbindungen mit dem Plexus uterin. und den Kreuzbeinnerven, den einzigen
motorischen Bahnen für die Innervation der Gebärmutter, die reflectorischen Beziehungen zwischen Genitalien und Centrum vermitteln. Die
colossale Entwicklung dieser sexuellen Nervenverästelungen, die in dem
Umfange wachsen als sie sich dem Collum uteri nähern um dort, sowie
in dem oberen Theile der Vagina durch eingelagerte Ganglien in ihrer
Wirksamkeit noch erhöht zu werden, gewinnt noch grössere Bedeutung,
wenn man sich die unzähligen arteriellen und venösen Gefässverbindungen
vergegenwärtigt, die sie mit nicht minder stark entwickelten Lymph-
bahnen in ihrem Verlaufe begleiten und Rouget veranlassten, das Cavum
subperitonääle als Träger dieser Verbindungen und des sie umhüllenden
Beckenbindegewebes mit einem cavernösen Gewebe zu vergleichen. Die
unzähligen Verbindungen dieser sensiblen Nerven der Sexualorgane mit
den sensoriellen Centralorganen, den vasomotorischen Centren und den
verschiedensten motorischen Bahnen macht es a priori begreiflich, dass
das Cavum subperitonääle gewissermaassen den Centralherd für die
Erregungsbahnen abgibt, denn Alles, was im Stande ist eine vermehrte
Füllung der eingelagerten Gefässverbindungen zu vermitteln, muss die
eingelagerten Nervenverästelungen in ganz besonders hervorragender
Weise tangiren.

Die Störungen, welche aus den pathologischen Processen in den

---

[1]) Experimentale Untersuchungen über die Physiologie der Uterin-
bewegungen. Virchow's Archiv, Bd. LXXVI, H. 1.

Parametrien für das Gesicht resultiren, manifestiren sich in einem
doppelten Sinne, einmal durch die Acme der durch sie veranlassten
Fieberbewegungen, dann in einem scheinbar latenten oder regressiven
Stadium durch die Zerrungseinflüsse, welche sie auf die in ihnen eingebetteten Nerven ausüben können. Die ausserordentlichen Variationen,
die sich in der Lage, Grösse und Consistenz parametritischen Exsudat-
massen bemerklich machen, lassen es begreiflich finden, dass die Rolle
des Schädlichkeitsfactors, der ihnen für das Gesicht zufällt, sich unendlich
verschieden gestalten muss und alle Grade der Scala von Null bis zur
gefährlichsten Potenz durchlaufen kann.

Eine 26jährige Dame von sehr gracilem Körperbau präsentirte sich
mir mit der Klage, dass sie trotz ihres an und für sich so scharfen
Gesichtes nicht mehr in der Lage sei, sich auch nur 10 Minuten hindurch mit irgend einer Handarbeit beschäftigen zu können. Früher habe
sie in die Ferne gut gesehen, sei dann successive kurzsichtig geworden,
ohne indessen, trotz einer systematisch geleiteten Atropinbehandlung eine
Erleichterung für das Nahesehen und ein Concavglas finden zu können,
welches das Fernsehen genügend corrigire. Die Atropinbehandlung —
4 Wochen hindurch fortgesetzt — habe ihre Beschwerden nur für einige
Tage gelindert, dann seien sie in wachsender Intensität hervorgetreten, um
durch allmälige Beimischung von retinaler Hyperästhesie ihr jeden Ver-
kehr in grösserer Gesellschaft unmöglich zu machen. Eine genaue Eru-
irung der anamnestischen Daten ergab, dass die Reihe der Klagen erst
von dem Zeitpunkt der Verheirathung an ihren Anfang genommen hatten;
jede Cohabitation habe sie vor Schmerzen aufschreien lassen. Die beiden
überstandenen Geburten seien von so furchtbaren Schmerzen begleitet
gewesen, dass man allgemein einen tödtlichen Ausgang erwartet habe
und erst nach monatelanger Reconvalescenz. sei die Gesundheit allmälig
wiedergekommen. Die vorgenommene Untersuchung ergab im rechten
Parametrium eine harte Exsudatmasse, die nach einwärts mit dem Uterin-
körper verwachsen schien, während sie sich nach aussen in derben Strängen
fast fächerförmig zu dem Ligamentum latum hin verbreitete. Es wurde
der Patientin zweimal täglich eine lauwarme Injection und die abendliche
Einführung eines jodoformirten Wattetampons[1] verordnet und innerlich
zur Herabsetzung der Reflexerregbarkeit circa 4 Wochen lang Kal. bromat.
gegeben. Local geschah weiter nichts, als dass 3 Wochen hindurch in
jedes Auge täglich 2 Tropfen einer Atropinlösung eingeträufelt wurden.

[1] A. Martin: Ueber Verwendung des Jodoforms bei gynäkologischen
Leiden. Centralbl. für Gynäkologie 1880, No. 14.

Bereits nach 5 Wochen wurde Patientin, die inzwischen angefangen hatte, salinische Mittel zu nehmen, wieder fähig, sich ihren gewohnten Beschäftigungen hingeben zu können, wenngleich die Myopie $^1/_{18}$ auf derselben Höhe geblieben war.

Als ich die Patientin im Winter dieses Jahres wieder sah, hatten die parametritischen Exsudate sich beträchtlich verkleinert und waren nur noch wenig für die tastende Fingerspitze empfindlich geblieben. Das Allgemeinbefinden hatte sich ungemein gehoben, aber als das grösste Glück betrachtete es die Patientin, „den Leuten wieder frei in die Augen sehen zu können". In diesem Augenblick wird zur weiteren Beförderung der Resorption noch immer Kal. jodat. genommen.

Klinisch betrachtet wurde die pathogenetische Auffassung des Falles, dass es sich hier um eine von dem parametritischen Herde ausgehende Reflexerregung handeln müsse, durch die eingeschlagene Therapie glänzend gerechtfertigt. Ich halte es indessen für positiv gewiss, dass kein therapeutischer Erfolg für das Auge mehr zu erzielen ist, wenn die parametritischen Exsudate mit umfangreicher Narbenbildung abschliessen. Es steht mir allerdings kein klinischer Fall zur Seite, auf den ich mich berufen könnte. Wenn es indessen gestattet ist, auf analoge Processe hinzuweisen, so möchte ich hier auf jene in der Literatur bekannte Form von Kopiopia hysterica verweisen, deren klinisches Bild und anatomisches Substrat zuerst von Förster und Freund genau festgestellt wurde. Das Leiden manifestirt sich durch die quälendsten Reflexhyperästhesien im Gebiete des Trigeminus und Opticus. Alle nur denkbaren Sensationen in den Bahnen des Trigeminus werden von den Kranken angeschuldigt, aber ihre Hauptbeschwerde bleibt immer die Unfähigkeit, eine künstliche Beleuchtung ertragen zu können, während das Sonnenlicht in der Regel ziemlich gut ertragen wird. Förster glaubt, diese eigenthümliche Lichtscheu, „die übrigens nie mit Thränen verbunden ist, auf eine Intoleranz gegen Beleuchtungscontraste, die gerade bei künstlichem Licht besonders gross sind, zurückführen zu können". Die Krankheit ist keine besonders seltene, indessen so oft sie mir auch aufstiess, entsinne ich mich nicht jemals einen bleibenden, selbst noch so kurz dauernden Erfolg durch die verschiedensten therapeutischen Agentien errungen zu haben und bis jetzt ist mir kein Mittel bekannt, das im Stande wäre, irgend einen wenn auch noch so bescheidenen Erfolg der vollendeten Thatsache gegenüber zu erzielen.

Mir ist noch immer eine unverheirathete Dame in der Erinnerung, die in ihrem 75. Lebensjahre noch eben so empfindlich gegen künstliche Beleuchtung war, wie sie nach ihrer eigenen Angabe zur Zeit ihrer

Pubertätsentwickelung geworden war; 57 volle Jahre war sie die Abende,
wenn Licht angezündet wurde, in eine dunkle Zimmerecke geflohen.
Sowohl in dem eben erwähnten Falle wie in allen übrigen, die mir zur
Beobachtung kamen, war die Sehschärfe eine relativ befriedigende
geblieben und kein Beispiel wüsste ich anzuführen, in welchem die
Gesichtsstörung jemals einen ernsten Character angenommen hätte. Nach
den Untersuchungen von F r e u n d geht der zu Grunde liegende chro-
nische entzündliche Process in den Parametrien in eine narbige Schrumpfung
über und bewirkt durch seine centrifugale Ausdehnung an der Basis
der breiten Mutterbänder bis auf die Beckenwandungen, selbst bis in's
Zellengewebe des Mastdarms und der Blase eine continuirliche Zerrung
der in ihm eingebetteten Nervenbahnen. F r e u n d hebt hervor, dass
die Beckenknochen stets leicht durchzufühlen und auf Druck, namentlich
das Os sacrum und coccygis, empfindlich seien; ganz besonders mani-
festire sich diese Empfindlichkeit an den seitlich vom Cervix gelegenen
Narbentheilen. Durch den Einfluss dieser Narbenbildungen komme es,
dass der Uterus tiefer, der Cervix wie fixirt, der Laquear seitlich ab-
geflacht, derb und unnachgiebig erscheine und in den späteren Stadien
des Leidens die Verkürzung, Dünnwandigkeit und mangelhafte Elasticität
der Scheide auffalle.

Eine ähnliche Einwirkung wie die Existenz parametrischer Exsudate
oder der aus ihr resultirenden Narbenschrumpfung können umfangreiche
Zerreissung des Perinaeums haben, wenn durch den seiner stützenden
Unterlage beraubten Uterus irgend eine Zerrung auf die umgebenden
Weichtheile ausgeübt wird. Ich entsinne mich einer Dame, die gleich
bei ihrer ersten Entbindung eine so umfangreiche Zerreissung des
Dammes davontrug, dass eine beträchtliche Senkung daraus resultirte und
durch die Einwirkung der Luft auf die klaffenden Genitalien die
Schleimhaut einen epidermisartigen Character angenommen hatte. Der
Sphincter ani war glücklicherweise nicht zerrissen, aber plötzlich auftretende Diarrhöen zeigten, wie sehr das Rectum durch diese Verletzungen
in Mitleidenschaft gezogen wurde. Vier weitere Entbindungen hatten
dazu beigetragen, die Netzhaut-Hyperästhesie, welche unmittelbar nach
der ersten Entbindung aufgetreten war, immer mehr zu steigern. Als
ich die etwa 38jährige, gracile, im Uebrigen gesunde Patientin zum
ersten Male sah, liessen die Sehschärfe, das Gesichtsfeld und das Farben-
sehen nach keiner Seite etwas zu wünschen übrig, aber ein mit der
Hyperästhesie der Netzhaut einhergehender Accommodationskrampf
machte eine jede Beschäftigung zur Unmöglichkeit. Atropin, das wiederholt in Anwendung gezogen wurde, vermochte stets nur eine wenige

Tage anhaltende Besserung zu erzielen. Ich musste der Patientin erklären, dass eine jede Medication fruchtlos bleiben würde, so lange sie sich nicht zu einer operativen Behandlung des veralteten Dammrisses entschliessen könne. Eine gleiche Schädlichkeitseinwirkung können alle diejenigen Processe bedingen, welche in irgend einer Weise mit einer ungenügenden Distension des Orificium uteri einhergehen; und so kommt es, dass alle Formen organischer Dysmenorrhoe fähig werden Hyperästhesie der Retina zu erzeugen. Einer jungen Holländerin, die mit 21 Jahren kaum noch Entwickelungssymptome zeigte und bei welcher Dr. Birnbaum eine infantile Entwickelung des Uterus constatirte, litt in der exquisitesten Form an dieser Hyperästhesie.

Noch häufiger begegnet man dieser Störung bei angeborener Stenose des Orificiums, wenn die äusserst feine Oeffnung einer langgedehnten, oft spitz zulaufenden Vaginalportion aufsitzt. Es ist eine Seltenheit, dass man unter solchen anatomischen Verhältnissen nicht zur Zeit der spärlich auftretenden Menses eine Steigerung der Hyperästhesie constatirt. Ein Fall ist mir besonders bemerkenswerth geblieben, weil die hyperästhetischen Erscheinungen nur so lange anhielten wie die Menstruation. Es handelte sich dabei um eine hypermetropische ($1/24$) Dame, die in den ersten Jahren ihrer Entwickelung plötzlich neben der Hyperästhesie von einem derartigen Accommodationskrampf befallen wurde, dass sie voller Schrecken die Entdeckung machte, nicht mehr Personen über die Strassenbreite hinaus erkennen zu können; die Untersuchung ergab, dass mit Concav 16 volle Sehschärfe für die Ferne vorhanden war. Eine Atropinbehandlung beseitigte die Störung, indessen trat sie noch 3 bis 4 Mal auf und schwand erst dann völlig, als die Menstruationsverhältnisse einen normalen Character angenommen hatten.

Weiterhin beobachtete ich Hyperästhesia retinae in zwei Fällen von interparietaler Tumorbildung. Eine aus Anteflexio uteri resultirende Hyperästhesie, die sich durch eine ungewöhnliche Hartnäckigkeit auszeichnete, schwand erst, als die Patientin, eine junge Holländerin, sich auf meinen Rath hin von Dr. Höhndorff ein federndes Pessarium einführen liess. Bei einer anderen Dame, die sich mit ihrem 16. Jahre durch leidenschaftliches Tanzen eine Retroversion zugezogen hatte, besteht noch heute eine sehr quälende Hyperästhesie. Patientin ist jetzt 39 Jahre alt, seit längerer Zeit in kinderloser Ehe lebend, und wird von einer Steigerung der Hyperästhesie befallen, so oft sie sich einer Cohabitation unterzogen hat, jedenfalls weil unter diesen Verhältnissen der Fundus uteri einen grösseren Druck auf den Plexus sacralis ausübt.

Fassen wir die ursächlichen Momente in einem Worte zusammen,
so kann man sagen, Alles was Anlass zu Entzündungen in irgend einem
Theile des Genitaltractus gibt, Alles was die Distensions- oder Lage-
verhältnisse derselben zu alteriren vermag, ist fähig, Hyperästhesie der
Retina zu erzeugen, und damit folgt von selbst mit logischer Consequenz,
dass einer jeden Hyperaesthesia retinae jedesmal ein anderes Causalverhältniss
zu Grunde liegen kann.   Die Reflexerregung ruft zuweilen spastische
Mitbewegung im Bereiche des Nerv. facialis, unter anderen Umständen
ein- oder doppelseitige, mehr oder minder ausgesprochene Parese des
Levator palpebrae hervor, und wie diese Complicationen in den mannig-
fachsten Formen auftreten, so ist auch die Dauer derselben den allergrössten Schwankungen unterworfen, zuweilen schwinden sie in wenigen
Tagen, ein anderes Mal spotten sie Jahre lang aller Therapie. Empfindlichkeit gegen Licht ist selbstverständlich unzertrennlich von der retinalen
Erregung, die Sehschärfe dabei aber oft kaum nennenswerth verändert.
Während in den geringeren Graden des Leidens das quälendste Symptom
die Myodesopsie ist, werden in den höheren Graden die Patientinen
durch das Auftreten subjectiver Lichterscheinungen und durch Nachbilder
in steter Aufregung erhalten. Accommodative Beschwerden fehlen niemals,
sie wachsen an Intensität, wenn die Hyperästhesie sich mit Schwachsichtigkeit zu compliciren beginnt.   Die concentrische Einengung des
Gesichtsfeldes ist bei längerer Dauer des Leidens fast immer ein constantes
Symptom, auch da wo die Schwachsichtigkeit nur wenig hervortritt. In
der bei weitem grössten Zahl der Fälle ist die Beschränkung des Gesichtsfeldes eine ziemlich gleichmässige für beide Augen.   Doch kommen sowohl
in dieser Beziehung wie hinsichtlich der Stärke der centralen Sehschärfe
die allergrössten Schwankungen vor.   Einmal prävalirt die Abnahme
der centralen Sehschärfe, während das Gesichtsfeld entweder ganz intact
oder doch nur relativ gering eingeengt erscheint. In einer anderen
Reihe von Fällen ist die centrale Sehschärfe kaum nennenswerth tangirt,
während die peripherische Wahrnehmungsfähigkeit im höchsten Grade
beeinträchtigt ist. Dann wiederum zeigen sich weder Anomalien der
centralen Sehschärfe, noch der peripherischen Perceptionsfähigkeit der
Netzhaut, Empfindlichkeit für Licht und Mangel an Ausdauer im Sehen
bilden die einzigen Klagen der Patienten, während vielleicht derselbe Fall
in einem späteren Stadium nur noch eine geringe Empfindlichkeit für
Licht aufweist und sich durch verminderte Sehschärfe und umfangreiche
Gesichtsfeldbeschränkung auszeichnet. In einem Worte, einmal tritt das
Bild der Hyperästhesie, dann das der Anästhesie (Torpor retinae) in den
Vordergrund.   Es ist das Verdienst von S t e p h a n , darauf hingewiesen

zu haben, dass es sich unter solchen Verhältnissen nicht um zwei differente Krankheitsprocesse handelt, sondern um ein und dasselbe Leiden in verschiedenen Stadien seines Auftretens. Ich konnte diesen Entwickelungsgang bei einem jungen Menschen von 17 Jahren verfolgen, der in Folge eines Stiches mit der Stahlfeder in den linken kleinen Finger zuerst von der colossalsten Netzhaut-Hyperästhesie und später von Tetanus befallen wurde und nur mit genauer Noth seinem Untergang entging. Dann traten die hyperästhetischen Erscheinungen in den Hintergrund, um einer exquisiten Anaesthesia optica Platz zu machen. Wochenlang fortgesetzte Cataplasmen auf die geschwollene Hand, sowie der intercurrente Gebrauch von lauwarmen Vollbädern beseitigten das Allgemeinleiden völlig und durch die Anwendung des Heurteloup und die innere Darreichung salinischer Mittel wurde eine gänzliche Herstellung der Gesichtsstörung erzielt. In diesem Falle wie in allen übrigen wird durch das Vorhalten eines intensiv kobaltblauen Glases nicht nur ein calmirender Einfluss auf die sensible Retina ausgeübt, sondern auch nicht selten eine bedeutende Steigerung der centralen Sehschärfe, zuweilen sogar eine Erweiterung des Gesichtskreises erzielt. Dasselbe Glas indessen bewirkt in den späteren Stadien der Torpidität häufig eine Herabsetzung der Netzhautfunction sowohl nach der Seite der centralen Sehschärfe, wie nach der Seite der Gesichtsfeldausdehnung hin.

Alles scheint darauf hinzuweisen, dass unter dem Einfluss der retinalen Reflexerregungen früher oder später der Grund zu circulatorischen Störungen im Bereiche des Opticus, der Retina und selbst auch der Meningen gelegt wird. Denn es kann kein blosser Zufall sein, wenn bei längerer Dauer des Leidens fast überall eine feine Hyperämie der Opticusinsertion constatirt wird und die Patienten nicht selten über ein höchst belästigendes Kopfweh klagen. Für die Dignität des Krankheitsprocesses ist es dabei durchaus gleichgültig, ob die Gefässhyperämie eine active ist, oder wie in einzelnen Fällen von Metrorrhagie, aus der durch die Grösse des Blutverlustes bedingten paralytischen Erschlaffung der Gefässwandungen hervorgeht. In solchen Fällen tritt nicht selten zu den allgemeinen Störungen auch noch das Bild der Hemeralopie als Ausdruck einer fehlenden Netzhauterregung.

An diese Categorie von Fällen scheinen sich am zweckmässigsten jene Sehstörungen anreihen zu lassen, deren Ausgangspunkt von Charcot in eine Hyperästhesie des Ovariums verlegt und dann von Landolt in der Salpetrière genauer studirt wurde. Die Patientinen empfinden schon lange vor jedem hystero-epileptischen Anfalle eine hysterische, vom Unterleib ausgehende Aura. Dann tritt bei bis dahin vollständig freiem

Kopfe der Anfall ein. Mit einem lauten Schrei fallen die Kranken unter
Blässe des Gesichtes und Verlust des Bewusstseins hin. Die Verzerrung
des Gesichtes mit zeitweiligem Austritt eines blutigen Schaumes aus dem
Munde und einer allgemeinen Starre bilden das erste Stadium. Hierauf
erfolgen heftige Bewegungen, wiederholte Erhebungen des Beckens, Hin-
und Herwenden des Oberkörpers, um endlich mit Schluchzen, Weinen
und Lachen den Anfall abzuschliessen. Nur eine ganz leichte Steigerung
der Temperatur findet dabei statt. Characteristisch ist, dass die Compression des Ovariums häufig im Stande ist, die Erscheinungen zu
modificiren oder gänzlich abzuschneiden. Weiter zeigt sich immer ein
Schmerz in dem einen Ovarium, zuweilen in beiden, ganz besonders auf
Druck hervortretend. Dazu tritt, dass die so erkrankten Frauen immer
von Anästhesie und Analgesie auf der Seite des ergriffenen Ovariums
befallen sind. Daneben bestehen Veränderungen des Gehörs, Geschmacks
und Geruchs. Mit dieser Parese in den sensiblen Nerven vereinigen
sich, häufig Monate selbst Jahre hindurch, Lähmungen der motorischen
Nerven, Contractionen, klonische Krämpfe derselben Seite, Erscheinungen,
die einen doppelseitigen Character annehmen, sobald beide Ovarien
ergriffen sind. Nach dem Zeugnisse Landolt's steigen und fallen die
Symptome seitens der Augen mit dem Grundleiden. Er unterscheidet
vier verschiedene Categorien von Gesichtsstörungen:

1) Bei der ersten bieten die Augen weder äusserlich noch ophthalmoscopisch irgend ein objectives Symptom dar, indessen sind die beiden
Augen functionell mehr oder minder verändert. Während die Sehschärfe
des Auges auf der gesunden Seite noch normal ist, zeigt sein Gesichtsfeld bereits eine concentrische Einengung, wenigstens hinsichtlich der
Farbenwahrnehmung. Das Auge der erkrankten Seite zeigt eine quanti-
tative Verminderung aller Netzhautfunctionen, Sehschärfe, Gesichtsfeld und
Farbenwahrnehmung haben in gleicher Proportion abgenommen.

2) In einer zweiten Reihe von Fällen oder vielmehr in einer weiteren
Periode der Erkrankung sind die objectiven Symptome auf der kranken
Seite noch mehr entwickelt und beginnen bereits, wenngleich weniger
umfangreich, auf dem gesunden Auge sich zu zeigen.

3) In den Fällen mit bedeutend herabgesetzten Retinalfunctionen,
wenn z. B. das kranke Auge kaum noch Finger zählt, eine partielle oder
totale Achromatopsie sich bemerklich macht und das Gesichtsfeld bis auf
wenige Grade vom Fixationspunkt beschränkt ist, gewahrt das Ophthalmoscop
zuweilen eine Verbreiterung der retinalen Gefässe mit seröser Durchtränkung.

4) Einmal bestand neben den bereits erwähnten Symptomen eine
partielle Atrophie des Sehnerven auf beiden Seiten.

Ich führte hier die Landolt'schen Beobachtungen an, sowie sie von ihm mitgetheilt wurden, da ich bisher selbst niemals einen Fall dieser Categorie gesehen habe, bin indessen nicht geneigt, diese Gesichtsstörungen als ein Leiden eigener Art anzusehen, möchte vielmehr glauben, dass durch die vom Ovarium ausgehende Reflexerregung genau dieselben Erscheinungen hervorgerufen werden, wie wir sie in allen Abstufungen nach Hyperaesthesia retinae bis in die späteren Stadien des Torpors beobachten, wenn zufällig circulatorische Störungen sich am Opticus oder in der Retina bemerklich machen.

Zu wiederholten Malen habe ich gesehen, dass die nach Dysmenorrhoe organica auftretende Netzhaut-Hyperästhesie in späteren Jahren den Uebergang zu atrophischen Veränderungen des Sehnerven bildete. Es ist sogar keine Seltenheit, unter solchen Verhältnissen das Auftreten einseitiger Netzhautablösung zu constatiren, wenn die ovariale Reflexerregung auf den Nervus vagus Anlass zu starken Congestionen nach Kopf und Auge gibt. Je kräftiger und gesunder die Individuen, um so mehr wächst bei der Summe der uterinalen Hindernisse für die Menstruation die Gefahr für das Auge. Bei einer an angeborener Stenose des Orificium uteri leidenden, etwa 38 Jahre alten Tochter eines Landwirths aus dem Clevischen konnte ich im vorigen Jahre den ganzen Symptomencomplex in einer wirklich prägnanten Weise constatiren. Die Menstruation der unverheiratheten Patientin war stets äusserst spärlich gewesen, hatte kaum jemals länger als 2 Tage gedauert, immer von heftigen Schmerzen begleitet. Das Allgemeinbefinden war, abgesehen von starker Eingenommenheit des Kopfes, in jeder Hinsicht befriedigend. Auf dem rechten Auge bestand Anaesthesia optica mit feiner rosiger Injection der Sehnervenpapille. Die Sehschärfe war bis auf das mühsame Erkennen von No. 3 der Jäger'schen Schriftscala herabgesetzt, das Gesichtsfeld concentrisch bis 4 1/2 Zoll eingeengt[1]). Auf dem linken Auge dagegen, dessen Sehschärfe schon seit einer Reihe von Jahren darnieder gelegen hatte, war neben einer deutlich ausgesprochenen Sehnervenatrophie eine partielle Ablösung der Netzhaut vorhanden; die centrale Fixationsfähigkeit war nicht gestört und so Patientin noch fähig, Finger in 2—3 Fuss Entfernung zu zählen; die Complemente von roth und grün wurden nicht mehr erkannt. Eine längere Zeit fortgesetzte Behandlung erzielte eine völlige Wiederherstellung der Sehschärfe des rechten Auges.

Nicht selten tritt zu den uns beschäftigenden Erscheinungen Mydriasis hinzu, theils einseitig, theils doppelseitig vorkommend. Bei einer exquisit ausgesprochenen Hyperästhesie bestand doppelseitige Mydriasis bei

---

[1]) Prüfung auf . . . Zoll Distanz.

spärlicher Menstruation auf chlorotischer Basis. Nebenher ging grosse
Empfindlichkeit in der Höhe des zweiten und dritten Brustwirbels und
starke Eingenommenheit des Kopfes. Ophthalmoscopische Veränderungen
lagen nicht vor. Ueber 5 Monate dauerte der Process, ehe die Pupillen
wieder zur normalen Grösse und Beweglichkeit zurückkehrten. — In einem
anderen Falle lagen denselben Erscheinungen Epithelialabschilferungen
an der Vaginalportion zu Grunde. Neben der Hyperästhesie bestand
eine ungewöhnlich grosse Netzhauthyperämie, so dass es nicht einmal
möglich war, mit Hülfe von Convex 10 Jäger No. 20 zu lesen, dabei zeigte
sich starke Schmerzhaftigkeit der Kreuzgegend und stete Eingenommenheit
des Kopfes. Beinahe ein ganzes Jahr dauerte dieser Zustand, um dann
einer völligen Genesung Platz zu machen. Etwa 7 Monate später trat
bei der 19jährigen Patientin in Folge schwerer Arbeit ein Rückfall ein,
bei dem die Sehschärfe allerdings nicht so sehr reducirt war, wie das
erste Mal, denn mit Convex 10 wurde noch Jäger No. 11 wortweise
erkannt, aber das Uebel besteht in diesem Augenblicke nach viermonat-
licher Behandlung auf derselben Höhe wie am ersten Tage. — In einem
dritten Falle war Endometritis und in einem vierten Parametritis das
ätiologische Moment. In beiden Fällen war die Mydriasis einseitig. Der
erste dieser beiden Fälle ist geheilt, der zweite hat jeder Therapie Trotz
geboten. — In einem fünften Falle bestand beiderseitige Hyperaesthesia
retinae mit umfangreicher Einengung des Gesichtsfeldes, complicirt rechterseits mit Mydriasis, das bedingende Element des Leidens war Retroflexio
uteri. Patientin hat sich nicht wieder präsentirt.

Die angeführten Beispiele liessen sich noch vermehren, es möge
indessen genügen, hier auf ein solches Zusammenhangsverhältniss auf-
merksam gemacht zu haben. Dagegen beobachtete ich nur ein einziges
Mal doppelseitige M y o s i s bei einer 68jährigen Dame, die an Prolapsus
uteri litt. Jahre lang hatte das Uebel bestanden, merkwürdigerweise waren
indessen niemals, wenn auch nur vorübergehend, Lähmungserscheinungen
in den Beinen oder in den Blasenfunctionen aufgetreten; ebensowenig boten
die Sehnerven auch nur die leiseste Spur von atrophischen Veränderungen
dar. Die Sehschärfe der alten Dame war sogar eine derartig ungewöhnlich gute, dass sie durch ihre Brille Convex 11 mit Leichtigkeit den
feinsten Druck las. Ich vermag mir die vorhandene Myosis nicht anders
zu erklären, als dass durch den herabgesunkenen Uterus eine Zerrung
und dadurch Lähmung von Sympathicusverzweigungen hervorgerufen war.

Die uterinalen Schädlichkeitseinwirkungen, die uns bisheran be-
schäftigten, trugen alle mehr oder minder den Character der Chronicität
an sich. Ihnen reihen sich in gleicher, wenn nicht vermehrter Gefähr-

lichkeit die acuten Erkrankungen dieses Organes an. Sie wirken nicht bloss durch das plötzliche Eintreten einer mechanischen Schädlichkeitspotenz, sondern auch noch ganz besonders verderblich durch das mit ihrem Auftreten verbundene intensive Fieber. Wenn ich zu wiederholten Malen beobachten konnte, dass eine Pneumonie oder Pleuritis, welche mit einer langdauernden Fieberbewegung über 39,5 ° einherging, Anlass zu Retinitis, schleichender Chorioiditis, feinen Glaskörpertrübungen, selbst zu Netzhautablösungen gab, hier wie überall durch Vermittelung der meningealen Gefässhyperämie, so ist einleuchtend, dass der schädliche Einfluss einer acuten Parametritis noch unendlich grösser ausfällt. Abgesehen von dem ungewöhnlich heftigen Fieber ist durch die Localisation des parametritischen Processes in der nächsten Nachbarschaft der Ovarien eine Reizung dieses Centralherdes der Reflexreizbarkeit unvermeidlich und so ganz besonders Anlass gegeben zu grösseren Circulationsstörungen.

Ich sah diese Erscheinung in einer damals mich ganz ungemein frappirenden Weise zum ersten Male am 9. Januar 1864 bei einem jungen kräftigen Bauernmädchen, F. M. aus Krenzau bei Düren. Patientin hatte sich zur Zeit der Katamenien durchnässt. Die augenblickliche Unterdrückung der Periode war von heftigen Schmerzen in der rechten Ovarialgegend begleitet; ein ungewöhnlich intensives Fieber warf die Patientin in's Bett und hielt sie einige Tage in Delirien. Mit dem Nachlassen des Fiebers und der örtlichen Schmerzerscheinung wurde der Kopf freier, aber die Kranke bemerkte zu ihrem grossen Schrecken, dass sie auf dem rechten Auge gar nichts und auf dem linken nur noch Handbewegungen zu erkennen vermochte. In diesem Zustande wurde sie mir zugeführt. Auf beiden Augen bestand prägnant ausgeprägte Neuro-Retinitis, rechterseits mit multipler Netzhautablösung complicirt. Die Sehnerveninsertion war auf beiden Augen total verwischt, die Netzhautgefässe zeigten sich stellenweise breit, stellenweise ausserordentlich dünn, wie strangulirt. Die Macula lutea erschien linkerseits wie ein umschriebener rother Punkt auf dem grauen Netzhautgrunde. Nur mit grosser Mühe wurde ein Buchstabe von Jäger 20 erkannt, das concentrisch eingeengte Gesichtsfeld hatte kaum noch einen Durchmesser von 2 1/2 Zoll; der Kopf war schwer, die Pupillen weit und starr, die Hauptklagen der Patientin gingen aber auf Schwere im Kreuz und Schmerzen in der rechten Inguinalgegend. Das Gefühl der allgemeinen Zerschlagenheit war besonders gross. Ich vermuthete die Anwesenheit einer circumscripten Paritonitis, bat jedoch bei der ungewöhnlichen Wichtigkeit des Falles einen in gynäkologischen Leiden sehr erfahrenen Freund, den Dr. von der Steinen, um sein Urtheil. Er diagnosticirte eine rechtsseitige Parametritis mit Betheiligung des rechten Ovariums, so dass dem Process wohl der Character einer Ovaritis beigelegt werden konnte. In der That zeigte sich bei bimanueller Untersuchung das rechte Ovarium empfindlich und geschwollen. Das ganze Vaginalgewölbe war nach rechts hart und prall, so dass die virginale Vaginalportion wie verkürzt erschien. Die Medication bestand in der täglichen Einreibung von Ugt. hydr. cin. in die rechte Ovarialgegend, mehrstündliche Bedeckung dieser Gegend mit Cataplasmen, einer strengen Bettruhe und dem inneren Gebrauch von Friedrichshaller Bitterwasser. Am 4. Tage wurden zur Erleichterung des Kopfes 2 Blutegel an das Septum narium gesetzt, einige Tage später 4 Blutegel an das Collum uteri. Der Kopf wurde täglich freier, das Gesichtsfeld nahm linkerseits an Ausdehnung zu und es stellte sich auch eine derartige Besserung des Sehvermögens ein, dass Patientin bereits nach 10 Tagen fähig war, meine Finger in 8 Fuss Entfernung zu zählen. Sobald die parametritischen Erscheinungen völlig gewichen waren, wurde in grösseren Intervallen 2 Mal Heurteloup applicirt, so dass Patientin bei ihrer Entlassung nicht nur No. 4 fliessend zu lesen vermochte, sondern auch ein Gesichtsfeld von normaler Ausdehnung nachwies. Auf dem mit Netzhautablösung befallenen Auge wurde, wie auch nicht anders zu erwarten war, nur das erreicht, dass die excentrische Wahrnehmungsfähigkeit sich um Einiges gehoben hatte.

Capillare Apoplexien der Retina als Theilerscheinung neuroretinitischer Processe haben an und für sich durchaus nichts Auffallendes, sie interpretiren sich einfach als Ausdruck der retinalen Strangulationsphänomene. Sie kommen indessen auch unabhängig von diesen Erscheinungen, gewissermaassen in spontaner Form vor, wenn die pathologischen Processe der inneren Sexualorgane den Anstoss zu einer Erhöhung des Blutdruckes vermittelst Reflexeinwirkung auf den Nervus vagus geben oder durch Exsudativgänge, Lageanomalien den Grund zu circulatorischen Störungen im Cavum subperitoneale legen. Bei einer hochbetagten Frau, die bereits 11 Kinder geboren hatte, war ein ziemlich beträchtlicher Descensus uteri zu Stande gekommen, der sie veranlasste die Hülfe eines Gynäkologen nachzusuchen. Die Introduction eines Pessariums war, wie sie sich ausdrückte, gleich von ungewöhnlich starker Unruhe in der Herzgegend und Eingenommenheit des Kopfes gefolgt. Nach einigen Tagen zeigte sich ein discontinuirlicher Blutaustritt auf der linken Netzhaut, der das centrale Sehen vollkommen vernichtete. Die Entfernung des Pessariums beseitigte die Gefässerregung, so dass nach Verlauf von einigen Wochen die capillaren Apoplexien einer völligen Resorption entgegen gingen; die centrale Perceptionsfähigkeit stellte sich nicht wieder her. Nach Verlauf von 4 Jahren machten die Beschwerden des Descensus nochmals die Anwendung eines Pessariums nöthig. Die Gefässerregungen traten wie das erste Mal wenngleich weniger ungestüm auf, diesmal mit grosser Eingenommenheit des Kopfes verbunden. Bereits nach wenigen Wochen zeigten sich gleichfalls capillare Apoplexien auf der rechten Netzhaut, aber glücklicherweise so excentrisch gelegen, dass die Macula lutea nicht mit ergriffen war, so dass eine vollständige Wiederherstellung möglich wurde. Patientin klagte indessen noch immer über schmerzhafte Empfindungen durch den Einfluss ihres Pessariums und bat mich um eine Untersuchung. Ich constatirte die Anwesenheit von Kolpitis adhaesiva, welche die Begrenzungslinie zwischen Vagina und Vaginalportion vollständig verwischt hatte. Der tief stehende Muttermund zeigte zahlreiche oberflächliche Narbenbildungen als Folgeerscheinung der bei den vorausgegangenen Geburten stattgehabten Einrisse. Das rechte obere Scheidengewölbe war in seinem Anschlusse an den Uterus auf Druck besonders empfindlich. Ueberzeugt, dass dieses Residuum eines parametritischen Processes im Verein mit der vorhandenen Kolpitis die Ursache der Intoleranz gegen das Pessarium sei, empfahl ich seine sofortige Entfernung. Von dem Augenblicke an ist die Eingenommenheit und Schwere des Kopfes nicht wieder aufgetreten.

Bei einer jungen 23jährigen mit Endometritis haemorrhagica behafteten Frau zeigte sich eine allmälig wachsende Hyperplasie des Gebärmutterkörpers; dann traten bei der kinderlosen Patientin auf beiden Augen und zwar beinahe gleichzeitig capillare Apoplexien der Netzhaut auf, die einen so eigenthümlichen Defect im Gesichtsfelde schufen, dass ich mich nicht entsinne jemals Aehnliches gesehen zu haben. Der Defect, der nur mit einem centralen Scotom zu vergleichen war, hatte genau die Gestalt einer Ellipse. In das Hirschberg'sche Schema eingezeichnet reichte es auf beiden Augen sowohl nach aussen wie nach innen genau bis zum 50. Grade von dem Fixationspunkte, während seine Begrenzung nach oben und unten bis zum 30. Grade ging. Die eingeschlagene Therapie hat das Kopfweh und die excessiven Blutverluste beseitigt, die Apoplexien zur Resorption gebracht, aber kaum einen nennenswerthen Einfluss auf die Verminderung des Gesichtsfelddefectes auszuüben vermocht, die seitliche Ausdehnung ist geblieben, nur die Perception in der Richtung nach oben und unten ist jederseits um 12 Grad gewachsen, so dass die Figur heute nach Jahresfrist die Gestalt einer in ihrem Höhendurchmesser zusammengedrückten Ellipse repräsentirt. Bemerkt möge hier werden, dass Patientin nebenbei an einer Insufficenz der Valvula mitralis leidet.

Bei einer anderen äusserst starken, aber ebenfalls Endometritis haemorrhagica aufweisenden Patientin trat mit dem 45. Jahre eine Apoplexia capillaris retinae des rechten Auges ein, die ohne Consecutivstörungen für das Gesicht zu hinterlassen, mit einer vollständigen Ausgleichung abschloss. Es wäre nicht undenkbar, dass beiden Störungen, sowohl den uterinalen wie den retinalen, eine allgemeine Erkrankung der Capillarwände zu Grunde liegt.

Verschieden in ihrer Pathogenese und ihrem Causalnexus sind jene Netzhautapoplexien, die so häufig bei unserer weiblichen Fabrikbevölkerung als Ausdruck einer perniciösen Anämie zu beobachten sind. Bis jetzt ist mir kein Fall aufgestossen, der auf eine bestimmte Uterinerkrankung zurückzuführen wäre; es scheint, dass diese Form des Erkrankens nur der allgemeine Ausdruck einer ganzen Reihe von Störungen ist, die das Gemeinsame haben, dass sie die Verkörperung socialen und physischen Elends sind. Ein elegischer Zug der Schmerzen und der Resignation, ähnlich wie man es auf manchen Bildwerken der Antike findet, lagert sich auf den Zügen dieser Kranken, das Gesicht ist fahl und gedunsen, dabei der Blick matt, die unteren Lider zuweilen sackartig aufgetrieben. Respiration und Herzcontractionen scheinen ihre Functionen nur noch mit Mühe zu vollführen. Die unter solchen Umständen auftretenden Retinalapoplexien treten in der Mehrzahl der Fälle doppelseitig auf, in der Regel ziehen sie sich streifenförmig an den grösseren Netzhautarterien hin, ein andermal kommen kleine isolirte Herde von umschriebener Form vor, noch häufiger sind grössere Plaques, die sich dann immer durch äusserst unregelmässige Gestaltung auszeichnen. Die Gefahr für das Sehvermögen wächst in dem Umfange, in welchem die Blutaustritte sich der Macula lutea nähern. Ist diese nicht mit in den Bereich der primären Destruction gezogen, so erlangt man nicht selten eine vollständige Ausgleichung der durch den Blutaustritt bewirkten functionellen Netzhautstörung. Immer jedoch bleiben mehr oder minder umfangreiche Pigmentinfiltrationen zurück; die Netzhaut behält, abgesehen von diesen Pigmentirungen, ihre Durchsichtigkeit immer bei und ich habe bis jetzt keinen Fall gesehen, der früh oder später mit Transsudationserscheinungen complicirt gewesen wäre.

Neben diesen Formen beobachtete ich in 10—12 Fällen einen horizontalen Gesichtsfelddefect, meist nach unten zu, der stets bis an die Grenze der Fixation ging, ohne diese jedoch wesentlich zu beeinträchtigen. Die Retina selbst ist dabei ohne alle materiellen Veränderungen, indessen deutet Alles darauf hin, dass der Störung ein kleiner Blutaustritt in dem intravaginalen Theil des Sehnerven zu Grunde liegt und so als das Resultat einer vorübergehenden Compressionswirkung aufzufassen ist. Kann man auch nicht mit Bestimmtheit behaupten, dass es sich um eine dem weiblichen Geschlecht allein zukommende Form von Störung handelt, so ist das Uebel doch nur äusserst selten bei Männern anzutreffen, vielleicht unter sechs Fällen höchstens ein einziges Mal. Ich entsinne mich keines Beispiels, in dem nicht immer und oft sogar äusserst rasch eine vollständige Ausgleichung erfolgt wäre. Das Leiden kam nur in zwei Fällen doppelseitig vor, sonst immer nur einseitig. Von grösserer Tragweite sind die sectorenförmigen Defecte; ich wüsste mich kaum eines einzigen zu entsinnen, der von einer Restitutio ad integrum gefolgt gewesen wäre. Ihr einseitiges Auftreten zeigt häufig eine uterinale Circulationsstörung an, während das doppelseitige Vorkommen wohl nie anders als bei der Anwesenheit eines encephalitischen Erweichungsherdes zu constatiren war, und dann nicht selten mit Bright'scher Nierendegeneration complicirt.

Man muss sich von vornherein klar machen, dass die plötzliche Sistirung einer für den weiblichen Organismus so nothwendigen Function wie die Menstruation den Uterus naturnothwendig in einem Zustand venöser Hyperämie versetzen muss, die ihrerseits wiederum Stauungen in den nach rückwärts gelegenen Bezirken hervorrufen wird. Einen ähnlichen Einfluss müssen alle diejenigen Processe entfalten, die im Stande sind die Ausscheidungsverhältnisse zu vermindern oder in rein mechanischer Weise wie parametritische Exsudate, Retroflexion, Anteflexion, Descensus, Prolapsus, Tumorbildung u. s. w. die Circulation in den Beckenorganen zu beeinträchtigen vermögen. Nun steht aber der im oberen Theil des Ligamentum latum gelegene, aus den Venen des Ovariums und den Tuben gebildete Plexus pampiniformis so wie der zu beiden Seiten des Uterus sich hinziehende Plexus uterinus in engster Verbindung mit den Lumbalvenen, die ihrerseits wiederum durch den Zusammenhang der Venae spinales mit den weitmaschigen Venennetzen des Rückenmarkes und seiner Umhüllungen fähig sind, eine Reihe der umfangreichsten Circulationsstörungen in diesen Theilen hervorzurufen. Die einfachste anatomische Anordnung der Venenbahnen macht diese Voraussetzung zu einer logischen Nothwendigkeit. Es ist weiterhin anatomisch erwiesen, dass die Venen der Wirbelsäule in der Nackengegend besonders stark entwickelt sind und dort nach oben mit den tiefen Aesten der Venae occipitales und durch die Foramina mastoidea mit den Sinus transversi in engster Verbindung stehen. Die Ueberfüllung dieser zahlreichen Venengeflechte muss naturnothwendig einen Druck auf alle diejenigen Nervenelemente ausüben, welche überhaupt nur im Bereiche dieser circu-

latorischen Störungen gelegen sind. Sie bilden demnach das materielle
Substrat oder besser gesagt participiren in hervorragender Weise, wie
wir später sehen werden, an der Bildung des materiellen Substrats,
welches den Schmerzempfindungen, dem Gefühle des Brennens, der Hitze
oder der Kälte im Rücken zu Grunde liegt. Die physiologischen Untersuchungen schreiben diese Abnormitäten des Empfindens, welche unter
solchen Verhältnissen mit den verschiedensten Gesichtsstörungen einhergehen, einem Reizzustand der hinteren Wurzeln und Stränge zu. Die
nicht seltenen Schmerzen im Hinterkopf und in den einzelnen Verästelungen des Trigeminus werden von Erb auf eine directe Betheiligung
der sensiblen Fasern des Plexus cervicalis sowie auf eine Reizung der
aus dem Cervicalmark aufsteigenden Wurzel des Trigeminus zurückgeführt.

Man muss diese anatomischen Daten genau festhalten, um begreifen
zu können, dass der Umfang und die Intensität einer, durch venöse
Stauung gesetzten Druckwirkung auf die Occipitallappen genügt, um jene
Fälle fulminanter Erblindung, die nach plötzlicher Suppressio mensium
eintreten, physiologisch genau zu interpretiren. Bekanntlich wird das
Sehcentrum von Ferrier in den hintersten Theil des unteren Scheitel-
läppchens in den sogenannten Gyrus angularis verlegt. Die einseitige
Zerstörung bedingt Erblindung des entgegengesetzten Auges, die Destruction
beider Gyri angulares die Erblindung beider Augen. Die von Pooly
und Hirschberg constatirte laterale Hemianopsie bei Laesion der
Occipitalrinde und des Markes, sowie die von Huguenin in 2 Fällen
beobachtete congenitale Erblindung bei nachgewiesener Atrophie der
Occipitallappen dienen, wie Rosenthal hervorhebt, als weitere Stütze
für die Annahme, dass in der Occipitalrinde des Menschen sich in jeder
Grosshirnhemisphäre ein Sehcentrum vorfinde, dessen Markfasern durch
die Corpora quadrigemina, geniculata und Sehhügel zum Tractus opticus
ziehen und im Chiasma eine partielle Kreuzung eingehen. Eine rasch
auftretende und rasch verlaufende Compression dieser Theile ist demnach
auch fähig, eine transitorische Erblindung ohne irgend welche materielle
Veränderungen des Augenhintergrundes hervorzurufen. In diesem Sinne
also besteht eine Amaurosis menstrualis, nicht in dem Sinne derer, die
glauben sie müsse sich durch eine Specifität der Erscheinungen im
Augenhintergrunde auszeichnen. Samelson beobachtete einen dahin
gehörenden Fall, den er 1875 in der Berliner klinischen Wochenschrift
mittheilt und der desshalb immer bemerkenswerth bleiben wird, weil er
sich gewissermaassen durch die Reinheit des Bildes auszeichnet. Ein
21jähriges kräftiges Mädchen arbeitete zur Zeit der Menses mit blossen

Füssen im Wasser stehend. Die sofortige Menostasie war noch am Abend desselben Tages von unangenehmen Druckempfindungen in den Augenhöhlen gefolgt. Dann traten Sehstörungen ein, die sich gradatim steigerten und im Momente der Vorstellung bereits zur völligen Amaurosis übergegangen waren. Die ophthalmoscopische Untersuchung vermochte nichts anderes als einen etwas stärkeren Netzhautreflex mit leicht erweiterten Venen nachzuweisen. Diese Erscheinung bestand indessen noch, als einige Wochen später eine vollständige Restitution des Gesichtes erzielt war. Samelson sucht den Fall dahin zu deuten, dass er eine Transsudation in der Orbita annimmt, die eine Compression auf die Sehnervenstämme ausübte. Baumeister machte schon die Bemerkung, dass ihm diese pathogenetische Deutung deshalb nicht annehmbar · erscheine, weil der Bulbus in seiner Beweglichkeit intact geblieben, keine Prominenz noch sonst welche Erscheinungen Seitens der Conjunctiva aufzuweisen waren, die eine solche Annahme gerechtfertigt hätten. Der Einwurf scheint mir zutreffend. Nichtsdestoweniger theile ich die Samelson'sche Auffassung, dass der Process nur das Resultat einer Druckwirkung sein könne und zwar, wie bereits oben hervorgehoben wurde, das Resultat einer durch venöse Stase bedingten Compression auf die Occipitallappen. Diese Annahme interpretirt auch in ungezwungener Weise den reizenden Einfluss der circulatorischen Störungen auf die Ursprungsstelle des Trigeminus im oberen Rückenmark resp. die Manifestation seiner specifischen Energie durch Orbitalschmerzen. Ich habe ähnliche Fälle gesehen, gleichfalls mit flüchtigen Neuralgien in einzelnen Verästelungen des Trigeminus. In einem Falle bestanden starke Schmerzen im Ramus nasalis, in einem zweiten Falle stark ausgesprochene Speichelsecretion.

Eine andere Form von Störung, die aber die Sehschärfe absolut intact gelassen hatte, sah ich nach Suppressio mensium in der Manifestation, dass der linke Nervus facialis und abducens, sowie rechtsseitig der den Rectus internus versorgende Ast des Oculomotorius functionsunfähig geworden war. Meine Diagnose lautete auf einen Blutaustritt am hinteren Rande der Pons zwischen Corpus olivare und restiforme rechterseits. Immerhin gehört das Auftreten solcher Formen von Amaurose zu den grossen Seltenheiten; meistens complicirt sich das Erlöschen der Netzhautfunction entweder von vornherein oder in rascher Entwickelung mit Transsudationserscheinungen. So lange dieser Vorgang gewissermaassen nur der Ausdruck einer rapid aufgetretenen venösen Stase ist, so lange er ohne schwere Betheiligung des Allgemeinzustandes ohne Pupillarlähmung, ohne Eingenommenheit des Kopfes einhergeht, darf man fast immer auf eine rasche Ausgleichung rechnen, ungleich jenen Formen

von Neuro-Retinitis, in denen, um mit Cohnheim[1]) zu reden, nicht
bloss die Grösse des venösen Widerstandes, sondern auch die Macht des
arteriellen Zuflusses die Intensität der Transsudation bestimmt. Einen
Beleg dafür, wie gross die Widerstandsfähigkeit des Sehnerven bei rein
venöser Stase ist, sah ich an den Augen einer im Anfange der Zwanziger
stehenden jungen Frau, die in Folge eines nach dem ersten Wochenbette
aufgetretenen Descensus uteri eine Circulationsstörung in der Form von
Hämorrhoidalknoten davon getragen hatte. Bis jetzt wurde sie in Folge
dieser Stauungen 5—6 Mal von Netzhauttranssudation befallen, bald auf
dem einen, bald auf dem anderen Auge, die Sehschärfe einmal bis auf
No. 20, ein anderes Mal bis auf Jäger No. 16, dann wieder bis auf
das mühsame Erkennen der vorgehaltenen Finger in 1 Fuss Entfernung
reducirt, das Sehfeld war dabei zuweilen bis auf 10⁰ des Schrenk'schen
Perimeters concentrisch eingeengt. Jedesmal trat eine völlige Ausgleichung der Störung ein. So wird man es denn auch nicht unbe-
greiflich finden, dass Patientin, die früher durch den Eintritt dieser
Gesichtsstörungen in die grösste Aufregung versetzt wurde, nunmehr
den Eintritt eines Recidives, allerdings gegen meine Auffassung — mit
philosophischer Ruhe entgegennimmt. Ich sage gegen meine Auffassung,
denn nur zu oft habe ich gesehen, dass eine therapeutische Vernach-
lässigung dieser Processe zu mehr oder minder umfangreichen functionellen
und materiellen Veränderungen der Netzhaut führte.

Die Betonung des venösen Characters des pathologischen Processes
kann nicht scharf genug geschehen, denn er ist ein essentielles Element
der Prognostik und darin verschieden von jenen Gesichtsstörungen,
deren Pathogenese auf eine arterielle Hyperämie zurückzuführen ist. Es
handelt sich in diesen Fällen in einem Worte um eine Störung, die nicht
besser als mit dem Ausdruck einer Ermüdung des Gehirnes bezeichnet
werden kann. Ohne behaupten zu wollen, dass die Symptome dieses
Leidens eine specifische Eigenthümlichkeit des weiblichen Geschlechtes
seien, indem sie nur zu häufig bei jungen Schülerinnen in Folge über-
triebener geistiger Anstrengung angetroffen wird, darf es doch als sicher
angenommen werden, dass es kein Land der Welt gibt, in welchem
bereits menstruirte junge Mädchen ein so ungewöhnlich zahlreiches Con-
tingent der Elementarschule bilden, als eben in Deutschland. Die Ueber-
bürdung des Geistes mit Arbeitsstoffen, die an und für sich schon so
nachtheilig ist, wird geradezu verderblich, wenn sie in die Periode der
sexuellen Entwickelung fällt. Man vergisst leider nur zu oft, dass, um

---

[1]) Cohnheim, Allgemeine Pathologie, pag. 122.

eine genügende Ausdauer im Sehen zu ermöglichen, nicht bloss ein intacter
Zustand der Augen, sondern eben so sehr des Gehirns erforderlich ist.
Es ist mir ausserordentlich häufig vorgekommen, jungen Mädchen zu
begegnen, die ohne Veränderungen des Augenhintergrundes bei einer
annähernd normalen Sehschärfe über Beschwerden klagten, die von den
Eltern und Lehrern als übertrieben angesehen oder vom Hausarzte
höchstens als Asthenopia accomodativa gedeutet wurden. Die verordnete
Convexbrille und die gegen die rasche Ermüdung des Gesichtes ver-
schriebenen Eserin- oder Physostigmin-Einträufelungen hatten nicht vermocht den Patientinen die dauernde Linderung zu verschaffen; ¹/₂ bis
³/₄ Stunde lang wurde die Beschäftigung möglich, dann trat wieder
dasselbe Ermüdungsgefühl ein, das bereits Wochen und Monate lang den
Grund zu Klagen gegeben hatte. Wurde nun gegen diese Ermüdung eine
2—3 wöchentliche Atropinkur in der Voraussetzung eines intercurrent aufgetretenen Accommodationskrampfes eingeleitet, so verspürten die Patientinen
in der ersten Zeit ein Behagen, das sie seit lange nicht gekannt hatten,
um aber bald wieder in den alten Zustand zu verfallen. Stellt man eine
Untersuchung der Sehschärfe unter ganz besonders günstigen Beleuchtungs-
verhältnissen an, so ist oft kaum eine Abnormität zu constatiren, während
bei reducirter Beleuchtung die Sehschärfe bis auf ²/₃, selbst ¹/₂ der
normalen heruntergeht. Eine Anomalie des Sehfeldes ist kaum jemals,
selbst bei schwachem Lampenlichte, nachweisbar. Bei längerer Dauer des
Leidens sieht man zuweilen eine leichte Hyperämie der Opticus-Insertion
sich entwickeln, die aber so wenig einen ausgesprochenen pathologischen
Character hat, dass sie immerhin noch in den Grenzen normaler
Schwankungen liegt. Subjectiv verspüren die Patientinen eine gewisse
Eingenommenheit des Kopfes, besonders der Stirngegend; im gewöhnlichen
ganz erträglich steigern sich diese Beschwerden, sobald der Versuch
einer längeren geistigen Beschäftigung, selbst ohne Anstrengung der
Accommodation gemacht wurde. Das sich einstellende Unbehagen kann
unter Umständen bis zur Brechneigung mit ziehenden Schmerzen im
Hinterkopfe anwachsen. In dem Maasse, wie diese Beschwerden lange
bestehen und zunehmen, in demselben Umfange wird es den jugendlichen
Patientinen schwer, des Abends den Schlaf zu finden, eine nie aufhörende
Fluth von Vorstellungen drängt sich an sie heran, um ihnen das Erquickende
des Schlafes zu nehmen und sie des Morgens mit dem Gefühle der Zerschlagenheit aufwachen zu lassen. Zuweilen bemächtigt sich ihrer nach
Tisch zur Zeit der Verdauungsvorgänge, eine fast unbezwingliche Schlafsucht,
und wo dieser nachgegeben wird, stellt sich beim Erwachen regelmässig
eine dumpfe Eingenommenheit des Kopfes ein und ein Gefühl von Schwere

lagert in allen Gliedern. Werden unter solchen Umständen die geistigen
Anstrengungen fortgesetzt, fallen in diese Periode noch menstruelle Beschwerden, so zeigt sich fast immer eine leichte Abnahme des Gedächtnisses,
und es ist nichts Seltenes, Kinder in einem mehr oder minder apathischen
Zustande zu finden, die sich früher durch Leichtigkeit der Auffassung
auszeichneten. In noch höherem Grade des Leidens ist das Gefühl von
Steifigkeit im Genick und Schwäche im Rücken, zuweilen mit Schmerzen
vorhanden. Sind die Kinder häufig der Einwirkung grosser Sonnenhitze
ausgesetzt oder genöthigt, sich in dumpfen, schwülen Räumen aufzuhalten,
die noch obendrein durch viele Gasflammen hell erleuchtet werden, so
vereinigen sich alle Bedingungen, um den Grund zu einer schleichenden
Meningealhyperämie zu legen. So lange die Hyperämie mehr einen
activen Character hat, prävaliren die Reizerscheinungen, Kopfweh und
Aufregung, dann treten umfangreichere circulatorische Störungen auf, die
venösen Gefässe sind nicht mehr fähig, eine Regulirung des Blutabflusses
zu bewirken, und so werden dann Schwere und Eingenommenheit des
Kopfes, geistige Unlust, Apathie und selbst Brechneigung die hervor-
stehenden Symptome. Man muss diese pathogenetische Entwickelung
der Dinge genau festhalten, um es begreiflich zu finden, dass so viele
Frauen an Sehstörungen leiden, deren letzter Grund in einer schleichenden
Meningealhyperämie liegt.

Es ist keine Seltenheit, Frauen zu finden, die in späteren Jahren
einer successiven Erblindung an Atrophia nervi optici entgegengehen,
ohne dass jemals eine acute Störung Seitens des Sehnerven selbst vorgelegen hätte. Damit stimmen die statistischen Zahlen, welche Lang
aus dem Hirschberg'schen Beobachtungsmaterial zusammengetragen
hat, damit stimmen jene Beobachtungen von Rokitansky, auf die schon
früher von Förster hingewiesen wurde und wonach unter dem Einflusse
wiederholter Hyperämien im Gehirn und Rückenmark die Bildung eines
jungen gallertartigen Bindegewebes zu Stande komme, das sich mit der
Zeit zerfasere, sich contrahire, das Nervenmark auseinander dränge und
schliesslich nach Zertrümmerung des Nervenmarkes zu einer Schwielen-
bildung führe. Rokitansky wies diese Processe in verschiedenen
Theilen des Nervensystems nach, so im Nervus olfactorius, opticus, an
den Spinalnerven und im Lendenmark.

Ohne den verderblichen Einfluss schleichender Hyperämien der
Meningen oder des Cerebrum selbst auf das Zustandekommen von Atro-
phirungsprocessen des Sehnerven beim männlichen Geschlechte auch nur
unterschätzen zu wollen, kann man doch behaupten, dass gerade das
weibliche Geschlecht zu dieser Störung ganz besonders disponirt, weil

ausser seiner geringeren Widerstandsfähigkeit gegen geistige Ueberanstrengung, Aufregung u. s. w. die Menstruation an und für sich, sowohl bei ihrem ersten Auftreten wie bei ihrem Versiegen in den climacterischen Jahren, weiterhin alle jene Circulationsstörungen, die sich aus den mannigfachen Erkrankungen des Uterinsystems entwickelten, eine besonders reiche Quelle für die Entwickelung jener Schädlichkeitsbedingungen schaffen.

Diese Verhältnisse lassen es nicht auffallend erscheinen, dass gerade beim weiblichen Geschlechte sich so häufig Sehstörungen finden in der Form von Retinal-Hyperämien, selbst schleichender Neuritis optica, die durch das Mittelglied der cerebralen Hyperämie eingeleitet wurden. Zum Belege mögen hier nur ein paar dahin gehörige Fälle angeführt werden. Bei einer jungen Dame im Beginn der Zwanziger, welche bei verschiedenen ausgezeichneten Gynäkologen wegen eines Descensus uteri in Behandlung gewesen und durch das Tragen eines Ringes eine grosse Erleichterung ihrer örtlichen Beschwerden gefunden hatte, zeigte sich als hervorstehendes Symptom das Gefühl des Kopfwehs, „als wäre ein eiserner Reifen um die Stirn gelegt". Diese Beschwerden gingen Hand in Hand mit starken Retinal-Hyperämien.

In einem zweiten Falle hatte bei einer Mutter von zwei Kindern eine Retroversio uteri einseitige Neuritis optica erzeugt, während das zweite Auge bis dahin intact geblieben war. Die Retroversio hatte keine allgemeine Störungen, sondern nur secundär eine seit Jahren bestehende Meningeal-Hyperämie geschaffen, bei der es vielleicht nicht überflüssig ist, ausdrücklich hervorzuheben, dass im Verlaufe des Rückenmarks kein Symptom für einen Reizungsherd nachzuweisen war.

Ein dritter Fall ist dadurch bemerkenswerth, dass bei einer 31jährigen kräftigen westphälischen Bäuerin nach der Geburt des vierten Kindes, die vor etwa 3 Jahren stattfand, bei völligem Ausbleiben der Menstruation fast continuirliches Kopfweh mit stetig steigernder Abnahme des Gesichts sich eingestellt hatte. Dieser Zustand hatte sich in der letzten Zeit mit intercurrent auftretenden epileptoiden Anfällen complicirt. Die ophthalmoscopische Untersuchung documentirte auf beiden Augen Neuritis optica, so dass im ersten Augenblick die Wahrscheinlichkeitsdiagnose auf eine beginnende Tumorbildung in cerebro gestellt wurde. Das Tragen eines Setaceums und eine Inunctionskur vermochten weder bessernd auf die Sehschärfe einzuwirken, noch eine Abnahme des Kopfwehs herbeizuführen. Ebensowenig hatten Emmenagoga Einfluss auf den Wiedereintritt der Periode. Dieses negative Resultat wurde erst die Veranlassung zur Untersuchung des Uterus. Es ergab sich eine

umfangreiche Vergrösserung seines Volumens, die Portio war derartig
hyperplasirt, dass das grösste Speculum sie kaum zu umfassen vermochte.
Die wulstig aufgeworfenen, leicht blutenden Lippen liessen das äusserst enge
Orificium wie in einem tiefen Trichter liegend erscheinen. Von jetzt
an wurde mit wiederholten Scarificationen, Sitzbädern u. s. w. die
Therapie vervollständigt und diesmal mit einem derartig günstigen Er-
folge, dass Patientin von der Zeit an eine Besserung des Allgemein-
befindens und des Sehvermögens verspürte. Das Kopfweh schwand, die
Anfälle blieben aus, so dass die Frau, die bei ihrem Eintritt in die
Behandlung nur nach No. 18 buchstabirte, in verhältnissmässig kurzer
Zeit Jäger No. 3 flüssig lesen konnte.

Die angeführten Beispiele, die sich noch bedeutend vermehren liessen,
beweisen den weitreichenden Einfluss der durch Uterinerkrankungen
bewirkten meningealen Circulationsstörungen.

In einer anderen Reihe von Fällen wird die Störung des Gesichts
durch das Mittelglied myelitischer Processe eingeleitet. Vor 12 Jahren
consultirte mich eine junge Clavierlehrerin aus der Praxis des Dr. Gust.
Schneider in Crefeld wegen Neuritis optica duplex. Patientin hatte
in Folge einer scharf ausgesprochenen Retroflexio uteri eine derartige
Lähmung beider Beine, dass sie nur auf Krücken sich mühsam fort-
bewegen konnte. Dabei bestand in beiden Beinen eine nach der Peri-
pherie sich steigernde Anästhesie. Die Darmfunctionen lagen derartig
darnieder, dass Obstructionen bis zu 19 Tage Dauer sich einstellten.
Schneider erzielte eine Aufrichtung des Uterus unter Chloroform und
fixirte seine Stellung durch ein Hebelpessarium. Erst von da ab wurde
die Neuritis optica allmälig rückgängig und Patientin wieder fähig, ihr
Gesicht ohne weitere Beschwerden gebrauchen zu können. Eine Reihe
von Jahren hielt diese Besserung Stand, bis vor ein paar Monaten
Patientin sich wieder mit den Klagen über heftiges anhaltendes halb-
seitiges Kopfweh mit beiderseitiger Mydriasis vorstellte, diesmal wieder mit
einer mässigen Retroflexion, aber mit entzündlichen Erscheinungen complicirt.
Nach einer brieflichen Mittheilung Schneider's haben Blutentziehungen
ex utero und salinische Mittel bis jetzt einen bessernden Einfluss ausgeübt.

An diesem Fall, der als Typus Vieler gelten kann, möchte ich
die Bemerkung anknüpfen, dass der Zusammenhang von Erkrankungen
des Uterus, der Blase, der Nieren und des Darms mit Erkrankung
des Rückenmarks schon älteren Beobachtungen nicht unbekannt war.
Die Paraplegien, welche unter solchen Umständen constatirt wurden,
wiesen mit Wahrscheinlichkeit auf das Vorhandensein von Myelitis hin,
indessen es fehlten doch die Beweise, um solche Vorgänge zu erklären.

Für eine richtige Interpretation des pathogenetischen Zusammenhangs wurde erst dann der Boden gewonnen, als es Tiesler gelungen war, durch Cauterisation des Nervus ischiadicus mit Argent. nitr. entzündliche Erscheinungen im Rückenmark mit consecutiver Paraplegie und Incontinentia urinae hervorzurufen, ohne dass das dazwischen liegende Stück des Ischiadicus von seinem Ursprung bis zur Cauterisationsstelle irgend welche krankhafte Veränderungen dargeboten hätte. Von noch grösserer Bedeutung waren die Versuche, welche Klemm[1]) auf Veranlassung von Leyden unternommen und in einer Dissertation veröffentlicht hatte (1875). Die Klemm'schen Experimente wiesen die sprungweise Weiterverbreitung der primären Entzündung auf das Rückenmark nach bei einem in seinen Zwischengliedern vollkommen freien Nervengebiete und sie ergaben die ausserordentlich wichtige Thatsache, dass der entzündliche Process sich sogar bis in die Schädelhöhle fortpflanzen, selbst von einem Nervenstamm der einen Seite auf den entsprechenden Nerven der anderen Körperhälfte überspringen konnte.

Alles weist darauf hin, dass der letzte Grund dieser Erscheinungen überall in entzündlichen Veränderungen des Centralnervensystems zu suchen ist. In einem Vortrage, den Rumpf auf der Herbstversammlung der Aerzte des Regierungsbezirks Düsseldorf 1879 über Metalloscopie hielt, vermochte er, anknüpfend an die Thatsache, wonach die Gefässsysteme gewisser symmetrisch gelegener Körpertheile im engsten Zusammenhange stehen, den Nachweis zu liefern, dass sogar den Erscheinungen der schwankenden Sensibilität immer eine Schwankung zwischen Hyperämie und Anämie der Hautoberfläche zu Grunde liege. Seine mitgetheilten Beobachtungen liessen es als sicher erscheinen, dass mit einer künstlichen Hyperämie der einen Seite immer eine Anämie der entgegengesetzten Seite einhergehe und dass alle diese Veränderungen unter Schwankungen zwischen Hyperämie und Anämie zur Norm zurückkehren.

Eine solche Manifestation der Gefässeinwirkung ist indessen fast in allen Theilen des Organismus nachweisbar, hier als Ursache, dort als Wirkung auftretend. Die schmerzhafte Erregung einer Hautpartie vermag, wie allgemein bekannt, sofortiges Erblassen des Gesichts hervorzurufen. Nach Reizung der Nebennieren und des sie umgebenden Nervenplexus konnte Brown-Séquard eine starke Verengerung der Gefässe der Pia mater des Rückenmarks beobachten. Wenn Rumpf

---

[1]) Leyden: Ueber Reflexlähmung; Nothnagel: Ueber Neuritis; Volkmann's Sammlung, Heft 2 und 35.

die Haut an der Pia mater der einen Gehirnhemisphäre stark faradisirte,
so vermochte er nach seinen Mittheilungen bei der süddeutschen Neuro-
logenversammlung Veränderung der Circulation an der gegenüberliegenden
Hemisphäre zu constatiren. Mit den physiologischen Beobachtungen
stimmen die pathologischen Thatsachen. Erwähnt möge hier nur werden,
dass es mir [1]) bereits vor vielen Jahren möglich war, nach Erschütte-
rung des Rückens schleichende Neuritis optica zu sehen, ein Zusammentreffen der Erscheinungen, das noch jüngst durch Erb (Archiv für
Psych. und Nervenkrankheiten, Bd. X, Heft 1) bestätigt wurde.

Diese Einwirkung myelitischer Entzündungsformen auf den Sehnerven ist demnach eine unbezweifelbare Thatsache, gleichviel, ob der
myelitische Process als ein selbstständiges Leiden auftritt oder erst als
Secundärstörung durch die Einwirkung des Urogenitalsystems und des
Uterinsystems bedingt ist. Bei der Anwesenheit von Uterinleiden sind
es zunächst die Plexus uterini und die Nervi sacrales, die den Uebergang entzündlicher Vorgänge auf das Rückenmark vermitteln, denn das
ihnen gehörende Bewegungscentrum liegt ausschliesslich im Lendenmark.
Hier kann der Entzündungsprocess sich zunächst localisiren und in
seiner Weiterentwickelung auf die oberen Partien des Rückenmarks eine
Neuritis optica als Theilerscheinung des allgemeinen Leidens erzeugen.
Es ist aber eben so gut möglich, dass die durch die erwähnten Nerven-
verbindungen eingeleitete Reizvermittelung direct auf den Opticus über-
tragen wird und gewissermaassen nur als Entzündung in dem Endglied
der Leitungsbahn zum Ausdruck gelangt, während das Rückenmark als
solches keinen Augenblick hindurch irgend eine Spur des Erkrankens
darbietet. Unter anderen Umständen sieht man, dass die circulatorische
Störung ihren verderblichen Einfluss unter dem Bilde der Meningeal-
hyperämie entfaltet und die Form der Gesichtsstörung sich in allen nur
denkbaren Abstufungen von der einfachen Anaesthesia optica bis zur
vollendetsten Neuro-Retinitis dem Beobachter präsentirt.

Möge nun der pathogenetische Entwickelungsgang der Dinge so
sein, wie er eben geschildert wurde oder sei die Erkrankung der Netzhaut resp. des Sehnerven durch venöse Stauungsanomalien hervorgerufen
oder reflectorisch durch Erregung des Gefässsystems von den Ovarien
aus entstanden, die consecutiven anatomischen Störungen für die Netzhaut und den Sehnerven resultiren nicht bloss aus den mit jedem entzündlichen Process nothwendig verbundenen circulatorischen Störungen,
sondern in einem noch höheren Grade durch den zersetzenden Einfluss,

---

[1]) Ophthalm. Mittheilungen. Berlin 1874. pag. 94.

den die stauende Lymphe auf den Achsencylinder der Nervenfasern ausübt. Es ist das grosse, in seiner Tragweite noch nicht genug gewürdigte Verdienst von Rumpf[1]), diese Art der Einwirkung der Lymphe zuerst entdeckt und nachgewiesen zu haben, dass die dadurch bedingte Quellung der Achsencylinder zu einer schliesslichen Resorption führe. Der Erste, welcher den anatomisch-pathologischen Beweis für den Einfluss der Rumpf'schen Entdeckung auf den Sehnerven nachzuweisen vermochte, war Kuhnt[2]). Dieser vermochte in zwei Fällen von Neuritis optica eine Quellung der Achsencylinder zu constatiren, ohne dass sich eine Zunahme der bindegewebigen Längs- oder Querfasern gefunden hätte. An der hinteren Grenze der Lamina, wo die Nerven-fasern noch mit ihren Markmänteln versehen und somit der Einwirkung der Lymphe nicht ausgesetzt waren, konnte keine Schwellung nach-gewiesen werden. Die Quellungserscheinungen an und für sich heben die Functionen der Fasern noch nicht völlig auf, sie sind sogar, wie eine grosse Reihe von Fällen beweist, der vollständigsten Rückbildung fähig. Damit stimmt die physiologische Thatsache, dass ein durch Trennung vom Rückenmark degenerirtes Nervenende trotz gequellter Achsencylinder noch längere Zeit erregbar bleiben, selbst nach einigen Beobachtern ein Stadium erhöher Erregbarkeit durchmachen kann.

In einer anderen Reihe von Fällen gehen indessen die Erscheinungen nicht zurück. Auf die Vergrösserung des Achsencylinders folgt endlich eine reactive hypertrophische Entzündung des Bindegewebes mit Gefäss-neubildung etc., welche zu Continuitätsunterbrechungen der Faser führen muss, so dass sich schliesslich als Endstadium die Resorption der Nervenfaser mit Ausnahme der bindegewebigen Bestandtheile einstellt. Wie sich die Circulationsstörungen und Lymphstauungen in der Retina verhalten und hier weiter verlaufen, bedarf allerdings noch der genaueren Untersuchung. An Befunden von stark verbreiterten, meist als hyper-trophisch aufgefassten Nervenfasern hat es auch hier nicht gefehlt. Aber auch abgesehen von diesen Befunden scheinen Stauungen der Lymphe die Retina im Anschluss an Erkrankungen des Opticus zu ergreifen. Die Lymphgefässe bilden, wie Cohnheim so treffend hervor-hebt, das Abfuhrsystem für alle Gefässtranssudate; je mehr der mit einem Entzündungsprocess einhergehende venöse Abfluss gehemmt ist, um so mächtiger wird der Einfluss der Lymphgefässe, je weniger

---

[1]) Rumpf: Zur Histologie etc. Untersuchungen aus d. physiol. Instit. d. Univ. Heidelberg, Bd. II, H. 2.

[2]) Kuhnt: Ueber Erkrankung d. Sehnerven bei Gehirnleiden. Zur Kenntniss d. Sehnerven und der Netzhaut. 1879.

rasch diese im Stande sind, die Transsudate wegzuschaffen, um so unvermeidlicher ist die Ansbildung eines Oedems. Und so kommt es denn auch, dass eine jede Neuritis optica durch die Verbreitung des Oedems auf die Netzhaut selbst den Character einer Neuro-Retinitis annehmen kann; das Missverhältniss der Grösse des arteriellen Zuflusses und der relativen Langsamkeit des venösen Abflusses drückt dieser Form des Erkrankens ihr Gepräge auf. Diese Neuro-Retinitis, welcher man in acuter Form so häufig nach excessiven Blutverlusten bei Abortus, Placenta prävia, der Anwesenheit von Ovarialgeschwülsten, Endometritis haemorrhagica etc. begegnet, zeichnet sich fast immer durch ihren malignen Einfluss auf die Functionen des Gesichts aus. Man muss eben nicht ausser Acht lassen, dass schon Blutverluste an und für sich die Propulsivkraft des Herzens im höchsten Grade herabsetzen, eine Störung, die in ihren Consequenzen noch erhöht wird, wenn bei einer bereits geschwächten Constitution die Zufuhr des arteriellen Blutstroms zu den Sehnerven und der Netzhaut auf das minimalste Maass heruntergedrückt ist. Damit sind in besonders hohem Maasse die Bedingungen geschaffen, dass an die primäre retinale Anämie sich seröse Transsudationen der benachbarten Gewebstheile mit anatomischer Nothwendigkeit anschliessen. In der Geneigtheit dieser Transsudationserscheinungen, sich bei der verminderten Energie der Blutcirculation möglichst lange hinzuziehen und in ihrer Mächtigkeit auf einem durch grosse Eiweissverluste bereits doppelt empfänglichen Boden liegt es, dass eine ungewöhnlich reiche Aufnahme von Lymphe stattfinden muss. Ihrem zersetzenden Einfluss auf den Achsencylinder ist somit jeder nur denkbare Vorschub geleistet, um Netzhaut und Sehnerven einer baldigen Destruction durch Atrophie entgegenzuführen. Ich wüsste mich kaum eines Falles aus der Zahl meiner Beobachtungen zu entsinnen, in welchem wegen des gemeinsamen pathogenetischen Momentes — der Anämie des Gehirns — die Störung sich nicht auf beiden Augen gleichzeitig manifestirt hätte, vielleicht nur gradnell auf dem zweiten Auge verschieden. Die Zahl der Beobachtungen, in denen nur ein Auge der Amaurose anheimfiel, während das zweite nothdürftig erhalten wurde, ist immerhin eine relativ kleine.

Es existirt eine andere, allerdings acut auftretende, aber gewissermaassen latent verlaufende Form von Neuro-Retinitis, die für gewöhnlich als Sehnervenatrophie nach Hämatemesis bezeichnet wird. Es ist wahr, die Form differirt in dem Sinne, als die localen Symptome an der Sehnerveninsertion und Netzhaut kaum noch an das Bild der Neuro-Retinitis erinnern, und doch ist das Wesen des Processes genau dasselbe. Die rapiden Blutverluste sind das bedingende Element, ihr Entstehen aus einem Ulcus ventriculi etwas rein Zufälliges, nach Abortus und Metrorrhagie treten sie eben so häufig auf und gehören also nur in Bezug auf dieses Causalverhältniss hierher. Die ungemein geringe, fast gänzlich fehlende Füllung der Gefässe setzt die Retinalfunctionen so rapid herab, dass der Eintritt der Erblindung beinahe gleichzeitig oder doch nur kurz nach dem Blutverluste erfolgt. Sieht man einen solchen Fall einige Stunden nach der Catastrophe, dann ist eine leise Andeutung seröser Transsudation, die aber nur wenig die Opticnsgrenze überschreitet, zu constatiren; noch seltener und nur ganz ausnahmsweise sieht man im Bereiche dieser getrübten Zone kleine Blutaustritte. Damit steht in vollem Einklange die anatomisch-pathologische Thatsache, dass man wenige Stunden nach excessiven Blutverlusten neben dem collateralen Oedem den Austritt rother und weisser Blutkörperchen beobachtet hat. Präsentirt sich Patientin einige Tage später, so ist jede Transsudation geschwunden; wenn nicht die zufällige Anwesenheit von einigen Blutpünktchen Licht auf das vorausgegangene Ereigniss werfen sollte, dann würde kein Anhaltspunkt mehr existiren, um die Pathogenese richtig zu deuten. Nichts ist vorhanden als ein weislich verfärbter Opticus mit ungemein dünnen Retinalgefässen, die kaum noch einen Unterschied ihres arteriellen und venösen Characters erkennen lassen. Es scheint, dass die Abwesenheit einer retinalen Circulation für ein paar Tage schon genügend ist, um die Gefässe für immer impermeabel zu machen, denn ohne diese Interpretation bliebe es unverständlich, dass das Gesicht für immer verloren geht. In einigen Fällen ist die Amaurose nicht von vornherein vollständig, das Gesicht hält sich noch für einige Tage, um dann vor und nach zu erlöschen. In anderen Fällen sind die gesetzten atrophischen Veränderungen des Opticus nicht gross genug, um von vornherein zur Erblindung zu führen, aber immer gross genug, um das aus dem Schiffbruch gerettete dürftige Sehvermögen durch fortschreitende Atrophie des Sehnerven der absoluten Amaurose entgegenzuführen. Immerhin mögen bei diesen pathogenetischen Vorgängen die Grösse des Blutverlustes, aber auch nicht minder die Grösse der individuellen Widerstandsfähigkeit einen gewissen Antheil an der Gestaltung der functionellen Störung des Gesichtes haben, denn wirft man die individuelle Widerstandsfähigkeit nicht mit in die Waagschale, dann würde es durchaus unverständlich bleiben, warum die grossen Blutverluste nicht überall gleich grosse Consequenzen für die Destruction des Sehvermögens haben. Unbestreitbar ist, dass kein grosser Blutverlust, gleichviel durch welche Verhältnisse bedingt er auftritt, ohne Folgen für das Gesicht bleibt. Bald zeigen sich die Störungen nur in der einfachen Form accommodativer oder

muskulärer Asthenopie, bald tritt eine mehr oder minder umfangreiche
Einengung der Accommodationsbreite ein, dann macht sich wieder eine
beträchtliche Herabsetzung der Sehschärfe bemerkbar, mit bald stationärem,
bald progressivem Character, einmal ohne, ein anderes Mal mit hämera-
lopischen Beschwerden gepaart. Ophthalmoscopisch gewahrt man in einer
Reihe von Fällen eine Verbreiterung der Netzhautgefässe durch vasomotorische
Einflüsse, während sie in einer anderen Reihe sich ausserordentlich dünn
mit leichter Verfärbung der Sehnerveninsertion präsentiren. Es zeigen
sich mit einem Worte alle nur denkbaren Abstufungen der gestörten
Netzhautenergie von der einfachen, sich vielleicht rasch wieder aus-
gleichenden Ermüdung bis zur höchsten Herabsetzung der centralen
Sehschärfe mit ihrem materiellen Substrat einer beginnenden Sehnervenatrophie. Constant ist, dass eine vorhandene Myopie, möge sie in einfacher Form auftreten oder durch Sclerectasia bedingt sein, immer und
überall durch die bestehende Anämie den Anstoss zu einer rascheren
Weiterentwickelung erlangt.

Mit den oben erwähnten Störungen finden sich auf gleicher Basis
beruhend jene Fälle von flüchtiger Transsudation der Netzhaut mit in
der Regel rasch wieder schwindender Amaurose, die man während der
Gravidität oder kurz nach der Entbindung beobachtet, wenn die circulatorischen Störungen zum Auftreten von Eiweiss im Urin Anlass gegeben
haben.

Hat der Organismus durch continuirliche oder rapide eingeleitete
Eiweissverluste in Folge von excessiven Blutungen eine gewisse Grenze
der Existenzbedingungen überschritten, so ist es nichts Seltenes constatiren
zu müssen, dass die einmal eingeleitete Schwachsichtigkeit nicht bloss
jeder eingeschlagenen Medication unzugänglich bleibt, sondern die vielleicht bei der ersten Vorstellung nur wenig ausgesprochenen atrophischen
Veränderungen der Sehnervensubstanz sich zur Höhe einer Atrophie
weiter entwickeln und so die Augen unaufhaltsam der Amaurose ent-
gegenführen. Ich habe gesehen, dass solche Processe sich noch nach
Jahren entwickelten, nachdem die primär gesetzte Störung stationär
geworden schien. Ein solches Ereigniss ist besonders dort zu fürchten,
wo die Continuität schwächender Einflüsse, seien sie durch körperliche,
moralische oder sociale Leiden geschaffen, die Action des Herzens herab-
setzt und damit die Zufuhr des arteriellen Blutes behindert.

Anämie des Gehirns und daran sich anreihende Sehstörungen traten
auch ohne Blutverluste nach allen Processen ein, die auf die Contenta
der Bauchhöhle einen reizenden Einfluss ausüben können. Dr. Fleisch-
hauer, dem eine grosse Erfahrung auf pathologisch-anatomischem

Gebiete zur Seite steht, erzählte mir einmal gesprächsweise, dass er bei Sectionen häufig als Todesursache durch Anämie des Gehirns die Anwesenheit eines Littré'schen Bruches constatirt habe. In einem anderen Falle habe ein flaches Carcinom der hinteren Uteruswand vorgelegen. Einer nothwendig gewordenen Untersuchung des Ovariums und Rectums per anum sei bereits 3 Tage später der Tod gefolgt. Eine genaue Section erwies, dass Patientin an einer colossalen Anämie des Gehirns rapide zu Grunde gegangen war. In den Beckenorganen dagegen bestand eine ungewöhnlich grosse Hyperämie aller Theile, die nur durch den mechanischen Reiz der Untersuchung veranlasst sein konnte. Nirgends zeigte sich eine Verletzung und ebensowenig durfte an die Möglichkeit einer Septicämie gedacht werden, denn mit allen nur denkbaren Cautelen der Desinfection war die Untersuchung vorgenommen worden.

Mit diesen Thatsachen stimmen auffallend jene ophthalmoscopischen Details, die Litten bei der Anwesenheit von Carcinoma uteri beobachtet und in No. 1 der Berliner klinischen Wochenschrift 1881 veröffentlicht hat.

Die Gefässe sind nach diesem Beobachter so ausserordentlich klein, dass Arterien und Venen nicht voneinander zu unterscheiden sind. Dabei Fehlen des Reflexstreifens und der weissen Farbe des Opticus, Neuritis optica etc. etc., wie es überhaupt bei Anämie constatirt wird. Dieselben Veränderungen zeigen sich bei Carcinoma uteri. Die Veränderung des Augenhintergrundes ist durchaus unabhängig von dem Grade und der Ausdehnung der carcinomatösen Entartung, sondern lediglich bedingt durch die Intensität des anämischen Processes. Als Beweis führt Litten an, dass trotz totaler Degeneration des Uterus die Veränderungen des Augenhintergrundes bis zuletzt fehlen könnten, während sie in anderen vorhanden seien, wo nur der Cervix ergriffen ist. Demgemäss seien die Augenveränderungen nur da zu erwarten, wo die Anämie hochgradig geworden sei. Häufige Blutungen wirkten nur beschleunigend auf den Verlauf der Anämie, doch konnte auch ihre hochgradige Anwesenheit bei dem Fehlen von Blutungen beobachtet werden.

Bemerkenswerth ist, dass in allen den durch grossen Blutverlust ausgesetzten Störungen seitens der Netzhaut und des Sehnerven sich niemals Glaskörpertrübungen einstellen. Wo sie auftraten, waren sie entweder aus einer retinalen Blutung hervorgegangen, oder noch häufiger das Product einer Circulationsstörung des hinteren Uvealabschnittes. Von diesem Gesichtspunkte aus haben sie eine wirklich perniciöse Bedeutung für das Linsensystem, indem ihr Einfluss auf die Ernährungsverhältnisse dieses Gebildes ein derartig störender ist, dass die mehr oder minder

rapide Entwickelung von Staarbildung fast immer die Folge ist. Schon
früher [1]) konnte ich das Resultat meiner Erfahrungen hinsichtlich dieses
Punktes dahin zusammenfassen, dass in der Regel nur eine unbedeutende
oder höchst mässige Kernbildung vorhanden sei, wobei die Linsensubstanz
selbst eine halb weiche, halb feste Umwandlung erlitten, die Farbe immer
einen Strich in's Bläulichweisse habe. Das Zusammentreffen dieser
Erscheinungen ist ein so constantes, dass ich mich gewöhnt habe, darin
den Ausdruck des Marasmus zu sehen. Nach erschöpfenden Metrorrhagien,
nach vielen Kindbetten bei dürftiger Ernährung, nach deprimirenden
geistigen Einflüssen tritt diese Form auf, meistens schon in die mittleren
Lebensjahre hineinfallend. Ebenso bei jungen Frauen, die während der
Lactationsperiode von irgend einer vorübergehenden Transsudation des
Glaskörpers befallen wurden, und zwar hier meist mit der Eigenthümlichkeit, dass die Trübung der Linse am hinteren Pole beginnt. Seit
jenem Zeitpunkte hatte ich Gelegenheit, den Kreis meiner Erfahrungen
nach der Richtung hin bedeutend zu erweitern und heute muss ich mit
noch grösserer Bestimmtheit als damals die Thatsache hervorheben, dass
der Verlust an Eiweissbestandtheilen zu einem hydrämischen Zustande
führen müsse, der nicht bloss die Bildung des Staares veranlasst, sondern
auch auf seine Consistenz einwirkt. Es ist eine Alltagserscheinung, unter
solchen Verhältnissen bei Staaroperationen eine mehr oder minder grosse
Verflüssigung des Glaskörpers zu beobachten. Gerade solche Augen
fordern bei der Nachbehandlung zur grössten Vorsicht auf, damit nicht
das unerwartete Auftreten von Chorioiditis das Operationsresultat in
Frage stellt.

Wenn man bei der Chorioiditis disseminata so häufig eine
spärliche Menstruation beobachtet, so hat man hierin nicht die Causa
movens des Augenleidens zu suchen, denn es ist nichts Seltenes, die ersten
Anfänge des Uebels bei jungen Mädchen zu sehen, die noch gar nicht in das
Stadium der Entwickelung eingetreten sind. Die kachectische Körper-
beschaffenheit der Patientinnen, ihre Blutarmuth und die Anomalien ihrer
Menstruation haben wie auch die Chorioiditis disseminata selbst ein
gemeinsames ursächliches Moment in der Syphilis und Scrophulose der
voraufgegangenen Generationen. Ich halte dafür, dass die Pigment-
maceration der Chorioidea aus einer angeborenen krankhaften Lymphe
resultirt. Es gibt jedoch Fälle, in denen das Augenleiden lediglich auf
Irregularität der Menstruation resp. ihr völliges Sistiren zurückgeführt
werden muss. Ich kenne eine ungewöhnlich gesunde und kräftige

---

[1]) Ophthalmiatrische Beobachtungen. Berlin 1867. pag. 211.

Bäuerin aus der Nähe Düsseldorfs, die mich zuerst im Frühjahr 1868 consultirte. Auf beiden Augen bestand Chorioiditis disseminata, die das ganze Bereich der Aderhaut einnahm. Patientin, die damals im 20. Lebensjahre stand, war niemals menstruirt gewesen. Dabei zeigten sich absolut keine Störungen des Allgemeinbefindens, weder Eingenommenheit des· Kopfes noch irgend eine Schwere im Kreuze oder Unterleib. Hätte man ein typisches Bild der Gesundheit und der Kraft aufstellen wollen, so hätte man dieses Mädchen dazu auswählen müssen. Gegen die Schwachsichtigkeit, welche beiderseits nur das wortweise Erkennen von Jäger No. 14 gestattete und bereits seit 6 Jahren bestand, kam zuerst Heurteloup in Anwendung neben dem inneren Gebrauch von Elixir propriet. Paracelsi. Diese Behandlung blieb ohne allen Erfolg. Dann wurden 2—3 Mal Blutegel an das Collum des völlig normalen Uterus applicirt, Fussbäder, Sitzbäder und eine Reihe von Emmenagaga gleichfalls ohne Resultat 3 Monate hindurch gegeben. Dann verlor ich die Patientin aus dem Gesicht. Vor 5 Jahren sah ich sie zuerst wieder, als sie mir ihren 9jährigen Knaben zur Schieloperation präsentirte; sie hatte inzwischen 4 Kinder geboren. Auf meine Frage, ob und wann die Periode sich eingestellt habe, erwiderte sie mit aller Bestimmtheit, niemals in ihrem Leben Blutspuren bemerkt zu haben. Das Gesicht hatte sich bis auf Jäger No. 18 verschlechtert, ohne indessen die geringste Anomalie des Sehfeldes weder bei Tages- noch bei Lampenbeleuchtung darzubieten. Diesmal erzielte der mehrwöchentliche Gebrauch von Hunyadi-Janos Bitterwasser insoferne eine Besserung des Sehvermögens, als wieder der alte Standpunkt von No. 14 erreicht wurde. Hinsichtlich der Menstruation blieben die Dinge, wie sie immer gewesen. Im Sommer 1880 theilte mir Patientin mit, dass sich ohne alle Veranlassung bei ihr die Periode, wenn auch äusserst schwach, eingestellt habe, um aber nach zweimaligem Erscheinen wieder gänzlich auszubleiben. Ich theile die Thatsachen so mit, wie ich sie beobachtet habe, ohne mir eine Interpretation dieses physiologischen Räthsels zu erlauben.

Dem Auftreten einer schleichenden Chorioiditis mit feinen Trübungen des Glaskörpers liegen in der mit dem Eintritt der Pubertät beginnenden und mit den climacterischen Jahren abschliessenden Periode des Geschlechtslebens sehr häufig Anomalien der Menstruation zu Grunde, aber doch nicht so häufig, dass man einen constanten Zusammenhang der Dinge daraus folgern könnte. Ebenso oft, vielleicht noch öfter, mussten äussere Schädlichkeitseinflüsse oder allgemeine dyskrasische Momente angeschuldigt werden. Die Geneigtheit, welche die Entzündungen im Chorioidalgebiet besitzen, durch Weiterverbreitung auf die Iris das Bild der Irido-Chorioiditis

vollständig zu machen, ist bekannt. Ich will hier nur nochmals betonen,
was auch schon früher bemerkt wurde, dass selbst während des Eintritts
der Katamenien unter solchen Umständen fast niemals ein wirklicher
Nachschub der Entzündung eintritt. Es zeigen sich leicht vorübergehende
Verdunkelungen des Gesichtsfeldes und nur vereinzelt kleine Blutaustritte
in die vordere Kammer. Nur eines Falles entsinne ich mich, in dem eine
nach der ersten Geburt eingetretene Zerreissung des Perinäums einen
umfangreichen Descensus uteri hervorgerufen hatte und jedesmal während
der Periode von einem früher unbekannten Kopfschmerz mit Umflorung
des Gesichts gefolgt war. Nach 17jähriger Dauer trat auf dem rechten
Auge schleichende Chorio-Iritis ein, welche Patientin veranlasste, meine
operative Hilfe nachzusuchen. Ich war damals abwesend, so dass
Patientin sich anderwärts der Iridectomie unterzog. Für das bis auf
Jäger No. 20 reducirte Gesicht wurde keine Besserung erzielt; die
Eingenommenheit des Kopfes und die Umflorung des Gesichts blieben
wie sie gewesen. Im vorigen Jahre präsentirte Patientin sich mir wieder,
da ihr linkes Auge nunmehr gleichfalls bedroht schien. Die Sehschärfe
war bis auf ½ gesunken, die Accommodationsbreite eingeengt, opthalmo-
scopisch wahrnehmbare Veränderungen des inneren Auges nicht vorhanden.
Patientin stand in ihrem 39. Jahre. Die glückliche Operation des veralteten Dammrisses, welche ich der Patientin als die erste Nothwendigkeit
vorgestellt hatte, machte es möglich, nach vorheriger Beseitigung eines
rechtsseitigen parametrischen Entzündungsherdes ein Pessarium einzulegen.
Von der Stunde an blieben Kopfweh und Obscurationen des Gesichts aus.

Dagegen scheint mir die Anwesenheit von Präcipitaten auf der
hinteren Hornhautwand (Keratitis punctata), wie wir sie so häufig
bei Iritis serosa und Chorio-Iritis beobachten, in der grossen Mehrzahl der
Fälle auf menstruale Anomalien oder directe Genitalreizung zurückgeführt
werden zu müssen. Vor einigen Jahren sah ich eine junge Dame 8 Tage
nach ihrer Verheirathung plötzlich unter heftigen Neuralgien von Iritis
serosa mit Trübung der Descemetischen Haut auf beiden Augen befallen.
Patientin hatte nach der Angabe des jungen Ehemannes früher an seröser
Iritis schon einmal gelitten, wäre aber von da ab bis zum Zeitpunkt ihrer
Verheirathung von jeder Entzündung völlig frei geblieben.

Vor wenigen Monaten stellte sich in der Klinik eine junge Tag-
löhnersfrau ein, die auf beiden Augen wegen Chorioiditis mit Hornhautpräcipitaten der Iridectomie unterworfen und als gänzlich geheilt entlassen worden war. Drei Monate waren bei ihrer zweiten Vorstellung
seit ihrer Verheirathung verflossen und beide Augen boten eine solche
Masse von Hornhautniederschlägen dar, wie sie nur selten zu sehen sind.

Patientin war seit zwei Monaten schwanger und konnte desshalb keine andere Medication als die abendliche Einträufelung von Physostigm. salicyl. nebst Cataplasmen angewendet werden. Bis jetzt nimmt die Rückbildung des Processes einen befriedigenden Verlauf. — Bei der 18jährigen Tochter eines Collegen aus dem Bergischen war die menstruelle, trotz des blühenden Aussehens der Patientin, nur schwer vor sich gehende Entwickelung die Ursache einer doppelseitigen Chorio-Iritis mit circulären Synechien und umfangreichen Hornhautpräcipitaten. Die Ausführung einer doppelseitigen Iridectomie und die nachherige Anwendung einer Inunctions-kur brachte das Sehvermögen von Jäger No. 20 wieder bis auf No. 1, während die Unregelmässigkeit der Menstruation durch den Gebrauch von Elixir propr. Paracelsi ausgeglichen wurde.

Schleichende Chorioiditis stellt sich mit einer gewissen Vorliebe bei Frauen zur Zeit der climacterischen Jahre oder kurz nach Beginn der Involution ein, so wie bei jenen Zuständen des Uterus, die entweder aus einer ungenügenden Rückbildung nach dem Puerperium oder aus einer den entschiedensten entzündlichen Processen entwachsenen Hyperplasie seiner Wandungen hervorgehen. Sie sind unter dem Bilde der chronischen Metritis allgemein bekannt. Dabei ist der Uterus in all seinen Theilen, sowohl der Länge wie der Dicke seiner Wandungen nach, vergrössert und fast immer empfindlich auf Druck. Die Vaginalportion erweist sich bald klein, bald vergrössert; einmal weich, das andere Mal wieder hart und aufgewulstet. Ist der Cervixcanal sehr enge, dann ist die Menstruation sehr spärlich, immer von grossen Schmerzen begleitet und von einer stetig zunehmenden Ausdehnung des Uterusparenchyms gefolgt. Unter anderen Umständen ist die uterinale Hyperplasie jedesmal von den intensivsten Blutverlusten in mehr oder minder unregelmässigen Intervallen begleitet. Die Anwesenheit dieser Erscheinungen deutet immer auf vorhandene grosse circulatorische Hindernisse in dem Uterusparenchym. Allen diesen Processen ist a priori der Stempel des langsamen Verlaufes aufgedrückt, sowohl hinsichtlich der uterinalen wie der ocularen Symptome. Abstrahirt man von jenen Erscheinungen der fliegenden Hitze, die sich ganz besonders gerne in den climacterischen Jahren einstellen und immer auf vasomotorische Erregungszustände zurückzuführen sind, so deutet Alles darauf hin, dass diese Störungen nur die Consequenz von Stauungsanomalien sind. Die Genesis des Uterinleidens an und für sich, die Langsamkeit, mit der sich die daraus resultirenden Consecutiverscheinungen entwickeln, die ausserordentlich lange Dauer, welche ihre Entwickelung und Ausgleichung beansprucht, die allgemeinen Störungen der Circulation und des subjectiven Befindens — Alles spricht

für eine solche Annahme. So darf es denn auch nicht befremden, dass
gerade diese Form von Chorioiditis conform den klinischen Beobachtungen
eine so grosse Geneigtheit hat, eben in den climacterischen Jahren
einen glaucomatösen Character anzunehmen. Bereits vor vielen Jahren
war mir dieser pathogenetische Entwickelungsgang aufgefallen [1]. Ich
bemerkte damals, dass trotz grosser Härte des Bulbus die Excavation
manchmal kaum angedeutet sei, dabei aber immer der Augenhintergrund,
besonders die Umgebung des Opticus, ein rothes verwaschenes Aussehen
zeige und der Glaskörper fast nicht anders als mit feinen diffusen
Trübungen durchsetzt erscheine, und dass, correspondirend diesen Verhältnissen, eine grosse Abnahme des Sehvermögens mit peripherischer
Einengung des Gesichtsfeldes einhergehe. Je früher die Iridectomie
unter solchen Verhältnissen ausgeführt werde, um so sicherer dürfe man
auf eine Sistirung des Processes rechnen. Wenn ich früher mit meiner
Anschauung vielleicht vereinzelt dastand, so wird sie jetzt von vielen Fachgenossen, unter denen ich nur Mauthner nennen will, getheilt. In den
chorioidalen Stauungsanomalien haben wir eben nichts Anderes zu sehen,
als das, was wir nach lange fortgesetzter Atropininstillation beobachten,
wenn in Folge der eintretenden vasomotorischen Gefässlähmung eine
Erhöhung des intraocularen Druckes eintritt, nur mit dem Unterschiede,
dass die geschaffene Störung in dem einen Falle den Character der
Chronicität, in dem anderen den der Acuität trägt, während das Endresultat
unter den scheinbar so verschiedenen Verhältnissen für das Auge doch
dasselbe ist.

Weiterhin sah ich zu wiederholten Malen ähnliche Erscheinungen
unter dem Einflusse einer durch Contusio bulbi geschaffenen Gefäss-
paralyse auftreten und in drei Fällen sogar nach Commotio cerebri. Hier
wie überall war die durch die Schädlichkeitseinwirkung verlangsamte
Stromgeschwindigkeit das bedingende Element für das Zustandekommen
der Druckerhöhung, wenngleich ausdrücklich zugegeben werden muss,
dass die Summe des scleralen Widerstandes ihren Antheil haben wird,
um das Bild der glaucomatösen Chorioiditis vollständig zu machen. Es
kann nicht genug hervorgehoben werden, dass in allen diesen Fällen
eine gewisse Trägheit der Pupillarbewegung einhergeht, meist mit einem
Grössendurchmesser, der auf jeden Beobachter den Eindruck des Abnormen
machen wird. Als ich diese Verhältnisse noch nicht genügend genug
würdigen gelernt hatte, liess ich mich durch die Abwesenheit der
Excavation nicht selten bestimmen, von der Operation abzustehen und

[1] Ophthalmologische Mittheilungen. Berlin 1874. pag. 53.

glaubte meine Befürchtungen sogar übertrieben, wenn ich unter dem Einfluss des Heurteloup und einer durch die Individualität des Falles bedingten Allgemeinbehandlung eine umfangreiche Besserung quoad visum erzielte. Wie war ich aber erstaunt, wenn ich dann bei demselben Patienten einige Monate oder ein paar Jahre später eine vollständige Excavation mit hochgradigem Verfall der Sehschärfe constatiren musste. So habe ich mich denn gewöhnt, unter solchen Verhältnissen zu einer sofortigen Ausführung der Iridectomie zu schreiten, einmal, weil mit der Ausführung der Operation die deletären Wirkungen für das Gesicht aufhören, dann auch, weil sie eine Reihe von quälenden Symptomen des Allgemeinbefindens wie mit einem Schlage beseitigt, die ich früher niemals gewagt haben würde, in irgend einen Zusammenhang mit der Druckerhöhung zu bringen; ich meine jene Störungen, die sich unter der Form von intercurrenten Occipitalschmerzen, von Cardialgie, dispnoetischen Anfällen, Schmerzen an einzelnen Stellen der Wirbelsäule, selbst Blasenkrampf manifestiren. Es ist nicht möglich, a priori ein ursächliches Verhältniss zwischen der Gesichtsstörung und dem Allgemeinbefinden zu bestimmen, denn Keiner wird es wagen wollen, die Ausdehnung jener Nervenbahnen anzugeben, in deren Verlauf jene von uns nachher als Reflexerscheinungen gedeuteten Symptome zur Auslösung kommen.

Bei einer 61jährigen Dame aus Brüssel, mit einer durch Sclero-Chorioiditis posterior bedingten Form von Myopie, die bis auf $^1/_5$ gestiegen war, hatte sich in der letzten Zeit, und zwar vom Eintritt der climacterischen Jahre datirend, eine zunehmende Härte des Bulbus, die ohne irgend eine Spur von Excavation einherging, eingestellt; die Sehschärfe für die Nähe war intact, nur zeigte sich eine allmälig zunehmende concentrische Einengung des Gesichtsfeldes, verbunden mit der Wahrnehmung von Farbenkränzen um das Licht herum. Diese letzteren Erscheinungen hatten indessen keinen constanten Character, sie traten nur ab und zu und nie für längere Zeit auf. Damit ging eine steigende psychische Alteration in einem derartigen Grade einher, dass Patientin zu wiederholten Malen des Nachts im Bette sich aufrichtete, um die Gewissheit zu haben, dass sie noch immer den Schein der Lampe wahrnehmen könne und noch nicht erblindet sei. Im Laufe des Tages wuchs die geistige Unruhe so, dass keine Ideenassociation denkbar war, welche Patientin nicht mit der Möglichkeit des Erblindens in Verbindung brachte. Dabei zeigten sich die fulminantesten Reflexerregungen unter dem Bild der fliegenden Hitze und einer solchen Obscuration des Sehfeldes, als wäre das Zimmer mit Rauch gefüllt. Ausdrücklich sei hier bemerkt, dass der Glaskörper absolut keine Abnormität der Transparenz jemals dargeboten hätte; das einzige beunruhigende Symptom für mich war die continuirliche Einengung des Gesichtsfeldes bei wachsender Härte des Bulbus. Patientin wurde desshalb am 5. Mai 1876 einer doppelseitigen Iridectomie unterworfen. Das beiderseits bis auf $2^3/4$ Zoll eingeengte Gesichtsfeld zeigte schon bei der ersten Aufnahme nach 10 Tagen eine so umfangreiche Erweiterung, dass ich selbst darüber erstaunt war und am Ende der dritten Woche war es soweit ausgeglichen, dass es als normal bezeichnet werden durfte. Was aber am meisten in die Waagschale fiel, war das vollständige Aufhören einer jeden psychischen Erregung. Diese Besserung hat bis zu ihrem im vorigen Jahre erfolgten Tode Stand gehalten.

Bei einer norwegischen Dame, die eben in ihr 46. Lebensjahr getreten war, musste ich am 10. April 1876 eine doppelseitige Iridectomie wegen Chorioiditis glaucomatosa vollführen. Härte der Bulbi, umfangreiche Einengung des Gesichtsfeldes und Herabsetzung der Sehschärfe bis auf Jäger No. 8 waren neben einer leichten Palpitation der Arteria centralis die Hauptsymptome zur Begründung der Diagnostik. Die Excavation fehlte vollständig. Patientin hatte sich mit 17 Jahren verheirathet. Nach einem in den ersten Monaten der Schwangerschaft stattgefundenen Abortus, den sie einer acut, aber äusserst intensiv aufgetretenen Erkältung zuschrieb, wurde sie von heftigen Schmerzen im Leibe gepeinigt, so dass sie kein Corsett mehr ertragen konnte und oft Tage lang das Bett hüten musste. Dann trat ein immer mehr wachsendes und für die Patientin äusserst beunruhigendes Ermüdungsgefühl in den Augen ein, das aber wegen der gleichzeitig aufgetretenen Magenneuralgien immer als etwas Nebensächliches angesehen wurde. Als sie endlich einen erfahrenen Arzt consultirte, erklärte dieser bereits bei der ersten Untersuchung die Gesichtsstörung für eine rein reflectorische, nur bedingt durch eine Anteversio uteri mit oberflächlichen Ulcerationen an der Portio vaginalis. Eine Behandlung, die sich indessen über 2 Jahre hingezogen hatte, erzielte eine völlige Ausgleichung der Uterinbeschwerden und der bis dahin so äusserst quälenden Magenneuralgien. Die Augen besserten sich indessen nicht, sie wurden noch schmerzhafter als sie gewesen, dazu trat ein intensives Kopfweh mit Sausen in den Ohren, das sich zuweilen wie ein heftiger Platzregen anhörte. Häufige Ohnmachten und eine erschöpfende Schlaflosigkeit brachten sie so weit, dass sie zuletzt nur eine sitzende Stellung im Bette einnehmen konnte, mit einem Kissen auf den Knieen, um darauf den Kopf ab und zu ein wenig ausruhen zu lassen. Sechs volle Jahre hatte dieser qualvolle Zustand angehalten, als ich die Patientin zum ersten Male sah. Sie war eine grosse stattliche Erscheinung, deren Willensenergie durch die vielen Schmerzen wie gestählt erschien. Sie erklärte mit Bereitwilligkeit, weiter leiden zu wollen, wenn sie nur nicht blind würde. Die Indication, welche mich die Ausführung des Iridectomie vorzuschlagen veranlasste, ist oben erwähnt. Indem ich nur die glaucomatöse Chorioiditis als solche berücksichtigte, konnte ich natürlicherweise nicht ahnen, welche Veränderung des Allgemeinbefindens mit ihrer Vornahme eintreten würde. Das Gesichtsfeld wurde wieder normal, mit Leichtigkeit No. 1 Jäger gelesen, das Kopfweh war vollständig gewichen, und die heftigen Schmerzen im Rücken und ganz besonders im Os sacrum, die häufig in einer so furchtbaren Intensität auftraten, dass Patientin sich kaum aufzurichten vermochte, waren mit einem Schlage beseitigt, und doch hatten sie sich wie ein rother Faden durch das qualvolle Dasein dieser Dame vom 18. Lebensjahre an hingezogen.

Ich gebe die Daten genau so wieder, wie sie von der Patientin schriftlich niedergelegt sind, ohne auch nur im allerentferntesten wagen zu wollen, eine Interpretation über den möglichen Zusammenhang der reflectorischen Erscheinungen geben zu wollen.

Im Januar dieses Jahres sah ich die Patientin wieder. In Folge einer Erhitzung hatte sie eine rechtsseitige neue Gesichtsstörung bekommen, ohne dass jedoch das bis dahin treffliche Allgemeinbefinden irgend eine Erscheinung dargeboten hätte, die an die früheren Leiden hätte erinnern können. Ein Arzt, den Patientin in Christiania consultirte, erklärte das Leiden für einen glaucomatösen Nachschub, der die unmittelbare Ausführung einer abermaligen Iridectomie unbedingt nothwendig mache. Unter dem Eintritt dieser neuen Sorgen und Aufregungen kam Patientin wieder zu mir. Linkerseits war das Gesicht ebenso intact wie in dem Zeitpunkte, als sie mich verlassen hatte. Dagegen bestand auf dem rechten Auge ein sectorenförmiger Gesichtsfelddefect von der Grösse eines Quadranten, den ich als die Consequenz eines Blutergusses in die Scheide des Sehnerven interpretiren musste. Keine Erhöhung des intraocularen Druckes. Die eingeschlagene Behandlung, die in der Application von Blutegeln an das Septum narium, abendlicher Anwendung des Eisbeutels auf den Kopf und dem Gebrauch von Salzschlirfer Bonifaciusbrunnen bestand, erzielte in so weit eine Besserung, als der Gesichtsfelddefect sich um die Hälfte verkleinerte und die Sehschärfe von No. 20 wieder bis aus No. 11 stieg. Zu der eingeschlagenen Therapie wurde ich nicht bloss durch die Diagnosenstellung veranlasst, sondern ebenso sehr durch den Umstand, dass Patientin bereits früher, wie sie mir jetzt erst mittheilte, wiederholt an Nasenbluten gelitten hatte.

Diese beiden Fälle sind die bizarrsten, welche jemals zu meiner
Beobachtung gekommen sind. Will man auch annehmen, dass die Reihe
der Reflexerscheinungen, die mit der Entwickelung dieser Krankheitsbilder
einhergingen, in der Weise eines Circulus vitiosus aufeinander einwirkten,
so muss man sich doch mit immer neuem Erstaunen die Frage vorlegen,
wie ist es möglich, dass durch die Auslösung eines einzigen Gliedes aus
der Kette der Reflexerscheinungen und zwar noch obendrein eines Gliedes,
das nicht als Causa prima, sondern nur als Consecutivstörung aufgetreten
ist, eine solche ungeheuere Veränderung in dem psychischen und physischen
Zustande der Patientinen hervorgerufen werden konnte. Bis jetzt kenne
ich keine physiologische Thatsache, die auch nur zu einer hypothetischen
Interpretation dieser sonderbaren Erscheinungen herangezogen werden
könnte.

Oben wurde wiederholt des Umstandes gedacht, dass die Excavation
häufig im Momente der Operation noch gar nicht aufgetreten war. Mit
dem operativen Eingriff wird fast immer eine beträchtliche Besserung
des Gesichtes erreicht, aber nicht verhütet, dass die Excavation sich
nicht nach ein paar Jahren oder noch nach längerer Zeit einstelle, auch
dann, wenn die ursprünglich erzielte Sehschärfe bis zum Zeitpunkte der
späteren Vorstellung durchaus intact geblieben war. Es geht aus dieser
Genesis der Dinge mit unwiderleglicher Gewissheit hervor, dass Excavation
und Drucksteigerung resp. Druckverminderung keine congruenten, sich
gegenseitig immer bedingende Erscheinungen sind. Es ist immerhin
bemerkenswerth, dass ich bisheran bei den Formen glaucomatöser
Chorioiditis niemals jene colossale Herabsetzung der cornealen Sensibilität
beobachtet habe, wie bei den rechten Glaucomformen. Ich lasse es indessen ganz dahingestellt, ob hier nicht ein Spiel des Zufalls vorliegt.
Dagegen konnte ich einige Male die Entwickelung von Keratitis glaucomatosa beobachten, sowohl nach vollführter Iridectomie, wie zweimal
bei einer später nothwendig gewordenen Cataractoperation. Nicht ausgeschlossen, aber immerhin selten ist die Entwickelung des Grundleidens
zur Höhe einer glaucomatösen Chorio-Iritis. Je acuter diese Form der
Störung auftritt, um so bedrohlicher wird sie für die Existenz des Sehvermögens.

Den Bemerkungen, welche Hirschberg in Band IX dieses Archivs
über die metastatisch auftretende Chorioiditis nach puerperaler septischer
Embolie gemacht hat, lässt sich wohl kaum etwas Neues hinzufügen,
denn Alles, was über den Krankheitsprocess nur gesagt werden kann,
ist dort nach einem Vortrag in erschöpfender Vollständigkeit wieder-
gegeben, den der Verfasser bereits am 9. December 1879 in der Berliner

Gesellschaft für Geburtshülfe gehalten hatte. Alle Fälle, sechs an der Zahl, die Hirschberg beobachtete, sind der Grundkrankheit erlegen, auch wenn zur Zeit der Augenerkrankung die allgemeinen Erscheinungen noch nicht so bedrohlich aussahen; ebenso war in den sechs von ihm angezogenen Beobachtungen von Hall und Higgingbotom der Ausgang ein tödtlicher. Nur in einem Falle, wo nach einer Beobachtung von E. Martin in Folge von künstlicher Nachgeburtlösung Metrophlebitis sich entwickelte, genas die Patientin unter Verlust eines Auges. Meine Beobachtungen stimmen im grossen Ganzen überein. Ich bin nicht in der Lage, angeben zu können, wie viele Fälle ich bis jetzt gesehen habe; dreier Frauen entsinne ich mich, die sich mir in der 7. und 8. Woche ihres Erkrankens vorstellten, alle mit doppelseitiger Erblindung und eine einzige mit einseitiger Erblindung. Eine Patientin verlor unter meiner Beobachtung beide Augen. Mit Ausnahme des letzten Falles haben sich Alle mir nur consultando vorgestellt, zu einer Zeit, als die gefährlichsten Störungen des Allgemeinbefindens schon rückgängig waren; nichtsdestoweniger würde ich nicht zu behaupten wagen, ob die Consecutivstörungen doch nicht schliesslich zu einem letalen Ausgang geführt haben. Die Frage wird endgültig nur in den grossen Verkehrscentren zu entscheiden sein, wo es möglich ist, ein grosses Beobachtungsmaterial zu vereinen, das eine genaue Controle des Leidens von seinem ersten Beginne bis zu seinem vollständigen Erlöschen gestattet. Die Kliniken in den Provinzialstädten vermögen die prognostische Frage deshalb nicht definitiv zu lösen, weil die Patientin den consultirenden Arzt wieder verlässt, sobald sie aus seinem Munde die Unheilbarkeit ihres Leidens vernommen hat. Die embolische Natur des Processes wurde bereits vor zwei Jahrzehnten durch Virchow nachgewiesen und durch Heiberg und Litten die Anwesenheit von Bacterien als Ursache der Embolie festgestellt.

Wenn wir hiermit die klinische Skizze des Einflusses der Uterinleiden auf die Hervorrufung und Gestaltung der Gesichtsstörungen schliessen, so geschieht es mit der vollen Ueberzeugung, dass der Gegenstand noch vieler und eingehender Erörterungen bedarf, ehe die vielfachen sich daran anschliessenden Beziehungen auch nur annähernd als vollständig klar gestellt betrachtet werden dürfen. Der Standpunkt der subjectiven Auffassung, der in der vorausgegangenen Darstellung vielleicht mehr als Manchem gerechtfertigt erscheint, festgehalten wurde, ist absichtlich so gewählt, weil er als der geeignetste erachtet wurde, um wenigstens einige Bausteine zu einer dereinstigen monographischen Erörterung eines so eminent praktischen Gegenstandes zu liefern. Die therapeutischen Gesichtspunkte fanden im Laufe dieser Arbeit schon eine theilweise Besprechung.

Es möge demnach genügen, hier nur einige allgemeine Grundsätze der
Behandlung zu besprechen, soweit sie eben für das praktische Handeln
bestimmend sind.

Hinsichtlich der Behandlung der retinalen Hyperästhesie soll hier
nur nochmals hervorgehoben werden, dass eine rationelle Therapie ein
für allemal unmöglich ist, wenn ihr nicht eine genaue Kenntniss des
Causalmomentes zu Grunde gelegt ist. Die Entwicklung der Hyperästhesien aus Erkrankung der äusseren Genitalien, der Einfluss der Lage-
und Formveränderungen des Uterus, die Anwesenheit entzündlicher Processe
dieses Organs und seiner Umgebung, wie nicht weniger die Reizeinflüsse,
welche die Ovarien auf das Auge ausüben, zeigen mit unwiderleglicher
Evidenz, dass der Grundsatz der Salernitanischen Schule: „Qui bene
distinguit, bene medebitur" hier ganz besonders seine Geltung hat. Die
locale Behandlung des Augenleidens wird in der Regel keinen oder nur
einen zweifelhaften palliativen Erfolg erzielen, wenn das bedingende
Grundleiden nicht vorher oder gleichzeitig berücksichtigt ist. Sind aber
die Bedingungen zur Ausgleichung der sexuellen Störung einmal vorhanden
oder durch die eingeleitete Behandlung geschaffen, dann erwies sich die
Darreichung von Kal. bromat. mit Lupulin in Pillenform als ein ganz
besonders werthvolles therapeutisches Agens. Es ist irrig, wenn vorausgesetzt wird, dass Lupulin nur beim männlichen Geschlecht vermindernd
auf die sexuelle Erregbarkeit des Nervus pudendus einwirke, es entfaltet
beim weiblichen Geschlecht einen ebenso nachhaltigen Erfolg. Ist das
Ovarium der Ausgangspunkt der nervösen Reflexerregung, so haben wir
im Atropin ein ausgezeichnetes Mittel die Erregbarkeit herabzusetzen.
Die Dosis von 0,03 Atrop. sulph. mit Pulv. liquid. 2,5 und einem Zusatz
von Succ. liquid. oder Extr. Tarax. zu 60 Pillen 3 Mal täglich einzu-
nehmen, erwies sich äusserst zweckmässig. Tinctura Gelsemini und
Cannabis indica sind vortreffliche Adjuvantia. Liegen parometritische
Processe zu Grunde, so bedürfen sie einer ganz besonderen Berücksichtigung
nach der Eigenthümlichkeit des Falles, da sie es lieben, dem sich zuge-
sellenden Accommodationskampf oder den durch sie bedingten Netzhaut-
hyperästhesien einen ganz besonders hartnäckigen Character aufzudrücken.
Bei den Formen von retinalen Hyperästhesien, die aus einer Schrumpfung
nach abgelaufener Parometritis resultiren, hat sich eine jede Therapie
bis jetzt als wirkungslos erwiesen. Ist dagegen die Hyperästhesie das
Product einer organischen Dysmenorrhoe, etwa aus einer Stenose des
Orificium uteri resultirend, so ist die möglichst frühzeitige operative
Behandlung des Grundleidens die rationellste Therapie.

Handelt es sich jedoch bei der Abwesenheit aller organischen Structurveränderungen des Uterus, weiterhin bei dem Fehlen aller entzündlichen Erscheinungen im Uterus und seinen Adnexa um Hyperästhesien von längerer Dauer oder um Entzündungsprocesse an irgend einem Theile des Auges mit dem Character der monatlichen Exacerbation, so kann die Anwendung des Elixir proprietatis Paracelsi nicht genug empfohlen werden, eine Composition, die sich aus Aloë, Myrrhe und Crocus zusammensetzt. Bei kräftigen oder bereits zur Entwicklung gelangten Personen können 2 Mal täglich ½ Theelöffel voll Wochen hindurch gereicht werden, bei minder starken oder in der Entwicklung begriffenen Mädchen genügt es, 3—4 Tage vor Eintritt der Menses die Dosis zu ¼ Theelöffel oder selbst nur einige Tropfen zu geben. Hinsichtlich des regulirenden Zweckes der Therapie möge auf den Fall mit monatlicher Exacerbation der Keratitis, pag. 2, verwiesen werden, indem nicht die Störung der Menstruation als solche, sondern das luetische Grundleiden die Ursache war, dass die Hornhautentzündung von den physiologischen Vorgängen der Menstruation beeinflusst wurde. In zahlreichen Fällen von Keratitis profunda oder Episcleritis könnten ähnliche Einwirkungen beobachtet werden. Man wird den therapeutischen Effect des Elixir propr. Paracelsi um so richtiger finden, wenn man eben nicht ausser Acht lassen will, dass Aloë eines der energischsten Mittel ist, um vom Lendencentrum des Uterus auf seine Bewegungsimpulse zu influenciren. Aehnlich wirkt die Darreichung von Coloquinten und ganz besonders von Sabina. Gerade das Letztere ist seit uralten Zeiten ein beliebtes Volksmittel zur Erregung der Wehenthätigkeit und als Beförderungsmittel eines Abortus noch heute in Gebrauch. Alle diese Mittel leisten ausgezeichnete Dienste bei jenen Congestiverscheinungen, die sich unter der Form der fliegenden Hitze bei Frauen kurz vor oder zu Beginn der klimacterischen Jahre einstellen und entweder Accommodationsstörungen oder Chorioidealerkrankungen einleiten. Zu wiederholten Malen habe ich Frauen gesehen, die durch einen längeren Aufenthalt in Indien einer ungewöhnlich frühzeitigen Involution entgegengegangen waren und in dem Gebrauch des Elixir propr. Paracelsi ein ausgezeichnetes Mittel zur Bekämpfung ihrer Beschwerden gefunden hatten. Das Mittel würde aber gar keinen Nutzen haben und nur positiven Schaden anrichten, wenn es sich nicht um reine Involutionsprocesse, vielmehr um irgend eine Form von Metritis handelt. Unter solchen Umständen muss auch die Wirkung, welche der Genuss des Kaffees auf die Erregung des Gefässsystems hervorruft, genau festgestellt werden. In den niederen Volksklassen, die sich in der Regel mit einem schwachen Aufguss begnügen, braucht dieser Einfluss kaum berücksichtigt zu werden, indessen in den höheren Gesellschaftskreisen ist unbedingt

auf seinen Einfluss zu achten, da mit dem stärkeren Gehalt dieses
Genussmittels an Coffeïn eine Steigerung der vorhandenen chorioidealen
Entzündungsprocesse möglich ist.

Es möge zum Belege dieser Behauptung nur auf die Röhrig'schen
Experimente hingewiesen werden, denn es gelang diesem Beobachter, bei
älteren Kaninchen, ohne dass dieselben trächtig gewesen wären, eine seit
Langem in's Stocken gerathene peristaltische Bewegung des Uterus durch
die Darreichung von Coffeïn wieder in Fluss zu bringen.

Bei einem hyperplastischen Uterus oder bei geschwellter, leicht
blutender Vaginalportion übt die Application von Blutegeln und die
Ausführung von Scarificationen einen äusserst wohlthätigen Einfluss auf
die Chorioidalerkrankung aus und zwar desshalb, weil es durch die
Röhrig'schen Untersuchungen wahrscheinlich geworden, dass die Depletion
die Uterusganglien zu einer peripherischen Regulirung der Circulation
anregt und so indirect fördernd auf die Contractionsverhältnisse dieses
Organs einwirkt. Ist eine Uterinstörung die Causa movens für ein
Augenleiden, das eine Blutentziehung zu erfordern scheint, so ist der
Effect desselben ein ungleich günstiger, wenn die Portio vaginalis, als
wenn irgend eine andere Applicationsstelle gewählt wird, eine Erscheinung,
von der ich mich mehrmals in der positivsten Form überzeugt habe.
Bei einer 36jährigen Dame, die bis jetzt, trotz scheinbar normaler
Bildung des Uterus, niemals menstruirt war, entwickelte sich bei hoch-
gradiger Sclero-Chorioiditis posterior eine glaucomatöse Gestaltung der
Chorioiditis. Vor länger als 15 Jahren habe ich eine beiderseitige
Iridectomie mit günstigem Erfolg vollführt. Dann trat Schwere und
Eingenommenheit des Kopfes ein und successive Einengung des Gesichtsfeldes und hochgradiger Verfall der centralen Sehschärfe. Während
die Application des Heurteloup niemals irgend einen Erfolg erzielt
hatte, trat dieser gleich ein als monatlich die Portio vaginalis
scarificirt wurde.

Bei all den Formen von uterinaler Hyperplasie, die sich durch
Starrheit und Vergrösserung der Portio vaginalis auszeichnen, ist die
von A. Martin auf der Casseler Naturforscher-Versammlung empfohlene
Amputatio colli uteri ein vorzügliches Mittel, von dem ich in der
geschickten Hand seines Urhebers den glänzendsten Einfluss auf die
Rückbildung des hyperplasirten Organes sah.

Erst wenn in den Erkrankungen der Chorioidea und auch der Retina
das bedingende Uterinleiden nicht mehr die Rolle eines krankmachenden
Einflusses ausübt, dann, aber auch nur dann erst darf an die Anwendung
der Heurteloup'schen künstlichen Blutentziehungen gedacht werden.

Ich kenne indessen nur eine Form von Gesichtsstörung, in der sie a priori ohne Nachtheil angewendet werden kann, das ist die Anaesthesia optica. Aber auch hier nur mit Vorsicht bei blutarmen, heruntergekommenen Individuen. Der Erfolg ist oft nur ein scheinbarer, wenn nicht eine sorgsame Berücksichtigung des Allgemeinzustandes daneben hergeht. Alle Blutentziehungen sind unbedingt zu verwerfen, so lange die Patientinen sich noch im Stadium der menstrualen Entwicklung befinden, gleichviel ob es sich dabei um Glaskörpertrübungen oder um eine aus vasomotorischer Gefässaction resultirenden Netzhauthyperämie mit vielleicht gleichzeitiger Hämeralopie handelt. Auch da, wo die jugendlichen Individuen ziemlich kräftig erscheinen, lasse man sich nicht durch das günstige Aussehen bestimmen. Alle Blutentziehungen tragen nur dazu bei, den normalen physiologischen Entwicklungsgang der Dinge zu verzögern, wodurch es nur zu leicht möglich wird, dass die vielleicht rasch vorübergehende Störung den Character der Chronicität annimmt. Es ist eine Ausnahme, dass man unter solchen Umständen nicht mit Stahlpräparaten oder dem Genusse von Eisenleberthran während des Winters nicht zum Ziele gelangt, während dort, wo eine gewisse Geneigtheit zu Kopfcongestionen besteht, leichte salinische Mittel nur ausnahmsweise nicht zum Ziele führen. Einen besonders günstigen Einfluss sah ich stets vom Salzschlirfer Bonifaciusbrunnen entweder allein in mässigen Quantitäten oder intercurrent mit monatlicher Darreichung von Elixir propr. Paracelsi. Unterstützt wurde diese Medication von warmen Sitz- oder Fussbädern, letztere mit Zusatz von Aqua regia.

Auch dort, wo der chorioideale Erkrankheitsprocess zur Bildung von ein paar Synechien geführt hat, wäre die Ausführung einer Iridectomie durchaus nicht gerechtfertigt. Selbstredend muss sie da unverzüglich ausgeführt werden, wo die Bildung der Synechien eine circuläre geworden ist. Eine Regulirung der Menstrualfunctionen beseitigt oft mit einem einzigen Schlage oder doch in kurzer Zeit die Störungen des Gesichts.

Nimmt dagegen in den climacterischen Jahren die Härte des Bulbus einen irgendwie beunruhigenden Character an, so kann die frühzeitige Ausführung einer Sclerotomie nur dringend empfohlen werden. Bemerken will ich hier nur, dass ich bei dieser Methode niemals das Operationsverfahren adoptirt habe, das mit grossem Scharfsinn und nicht unerheblichen Schwierigkeiten der Technik von manchen Autoren empfohlen wurde. Niemals habe ich ein anderes Verfahren ausgeführt, als dass ein paar Stunden vor der Operation 2—3 Tropfen einer Eserin- oder Physotigminlösung instillirt wurde und dann das mit Hülfe eines Sperrelevateurs

leicht zugänglich gemachte Auge in der Weise mit einem Lanzenmesser
genau so am obern Cornealrande operirt wurde, als hätte die Ausführung
einer Iridectomie stattfinden sollen. Niemals war dieses Verfahren von
einem Prolapsus iridis oder auch nur einer nennenswerthen Reaction
gefolgt; einige Kaltwassercompressen, in den ersten Stunden aufgelegt,
bildeten neben Verschluss des Auges die einzige Nachbehandlung.

Bei den Gesichtsstörungen, welche aus Blutverlusten resultiren,
kommt man, so lange sie keine grossen Dimensionen angenommen haben,
vielleicht mit der Verordnung von Convexgläsern und der Anwendung
des Eserin, was die locale Behandlung des Auges anbelangt, vollkommen
aus. Sind die Blutverluste schon beträchtlicher, so kommen bereits Eisen,
Ergotin, Dec. Ratanhae etc. in Anwendung. Wird mit dieser Medication
indessen nicht bald eine Ausgleichung der vorliegenden Störnng seitens
des Auges und des Uterinsystems erzielt, so wäre es thöricht, die Zeit
mit ungewissen Kurversuchen zu verlieren. Eine Untersuchung des Uterus
ist eine unbedingte Nothwendigkeit; es kann sein, dass die Blutungen
nur durch starke Capillarentwicklung in den granulären Wucherungen
an der Vaginalportion unterhalten wurden. Die locale Behandlung dieser
Störung durch Scarificationen, Anwendung von Cauterisationen, Injectionen
von Acet. pyrolignosum oder Dec. Quercus kann häufig einen ausserordentlich günstigen Wechsel der Scene hervorrufen. Unter andern Umständen werden die Störungen durch die Anwesenheit von Endometritis
haemorrhagica oder Polypenbildungen unterhalten. Eine möglichst
rasche operative Behandlung dieser Wucherungsprocesse ist die einzig
rationelle Kunsthülfe für das Allgemeinbefinden und den Zustand des
Auges.

Sind die Blutverluste excessiv, besonders dann, wenn sie in acuter
Form auftreten, so manifestirt sich die Gesichtsstörung in der Regel
durch seröse Netzhauttranssudation und Neuro-Retinitis. Selbstredend
soll die einzuschlagende Uterintherapie eine Sistirung der Blutungen
erzielen. Die Störungen des Gesichts, die Eingenommenheit des Kopfes
und vielleicht auch die sich daran anreihenden Reizvorgänge an den
Wurzeln des Vagus erfordern eine ganz andere Therapie. Diese besteht
neben der Anwendung solcher Mittel, welche geeignet sind, die Trieb-
kraft des Herzens und damit den arteriellen Zufluss zum Kopfe zu
steigern, in der möglichst baldigen Application lauwarmer Umschläge
in's Genick. Es ist unglaublich, wie gross der Zustand des Behagens
ist, der sich augenblicklich nach dieser so einfachen Therapie für die
Patientinnen einstellt. Diese Therapie ist deshalb so vorzüglich, weil sie,
wie keine andere, geeignet ist, ein rascheres Zuströmen des arteriellen

Blutes zu ermöglichen, schon allein durch den Umstand, dass die stark
entwickelten Venennetze in der Umgebung des verlängerten Marks eine
raschere Weiterbeförderung der Transsudate anregen und so die Gefahr
der Lympheinwirkung auf ein relativ geringes Maass reduciren, ganz abgesehen von dem Zustande des subjectiven Behagens, der für die Patientinen danach eintritt. Handelt es sich jedoch um Störungen mit mehr
chronischem Character, so können die Cataplasmen durch die Anwendung
kalter, stark ausgerungener Aufschläge ersetzt werden. Sie werden am
zweckmässigsten vor dem Zubettegehen applicirt, aber so, dass sie von
einem doppelt gelegten Wollentuche vollständig bedeckt werden und
so durch die ·consecutive Entwicklung der Wärme dem Kopfe den möglichst grössten Blutzufluss gewähren. Sind unter dem Einflusse dieser
Medication die Transsudationserscheinungen in ein rückgängiges Stadium
getreten, so empfiehlt sich die subcutane Anwendung von Pilocarpin-
injectionen, besonders dann, wenn Trübungen des Glaskörpers nebenher
gehen.

Ist dagegen die Neuro-Retinitis das Product einer acuten Entzündung in irgend einem Theil des Uterinsystems, so kann, abgesehen
von der Therapie, die das Uterinleiden nach der Eigenthümlichkeit des
Falles erfordert, gegen das Kopfweh resp. die Störung des Gesichts das
rationellste Verfahren nur die tägliche Anwendung des Eisbeutels sein.
Die circulatorischen Stauungen in der Netzhaut werden am zweckmässigsten
durch die Application von ein paar Blutegeln an die Nasenscheidewand
oder hinter den Processus mastoideus bekämpft, weil ihre depletirende
Wirkung direct auf eine Entleerung des Sinus longitudinalis oder des
Sinus transversi influencirt. Die Wirkung dieser Medication wird noch
durch die Einreibung von Ol. Crotonis, Ungt. tartari stibiati in den
Nacken und den inneren Gebrauch salinischer Mittel erhöht.

Wenn in dieser Weise die Neuro-Retinitis rückgängig geworden ist,
so fällt ihre Weiterbehandlung mit jener Therapie zusammen, die wir
seit ·vollen 15 Jahren bei allen Gesichtsstöruhgen, die aus schleichenden
Meningeal-Hyperämien des Kopfes oder Rückens resultiren, mit Erfolg
in Anwendung gezogen haben. Sie ist ausserordentlich einfach und nur
lästig durch die eiserne Consequenz, die ihre Ausführung erfordert.

Die Anwendung des ·Eisbeutels wird fortgesetzt, nicht minder die
Ableitung in den Nacken, aber so, dass in der überwiegend grossen
Mehrzahl der Fälle ein Setaceum getragen wird, ein Ableitungsmittel,
das, wie kein anderes, ausgleichend auf alle Sehstörungen wirkt, die
durch die Vermittelung einer schleichenden cerebro-meningealen Hyperämie
unterhalten werden. Seine Wirksamkeit ist nicht weniger gross bei

jenen Formen von Neuritis optica, die durch Lageanomalien des Uterus
eingeloitet sind und mit oder ohne gleichzeitige Betheiligung des Rückenmarks auftreten. Immer wurde in all' diesen schweren Erkrankungsformen die systematische Anwendung von Inunctiouen aus Ungt. hydr.
ciner. durchgeführt. Die Einreibungen wurden, je nach der Individualität
des Falles, in einer täglichen Dosis von 1, 2, 2½ Gramm, selten mehr
gemacht, immer aber mit Intermissionen vou 4 zu 4 Tagen, um jede
Salivation zu vermeiden. Die Reinigung des Mundes und Zahnfleisches
fand 3 bis 4 Mal täglich durch eine Lösung von Kali chloric. statt.
Neben dieser gewissermaassen rein äusserlichen Medication wurde innerlich Eiseu, Kal. jod., ab und zu Mineralwässer oder Elixir propr. Paracelsi
gereicht, je nach den Indicationen des Falles. Iu der Regel wurdeu
50 Einreibungen gemacht, oft auch bis zu 75 und höher gestiegen,
wenn die Verhältnisse es nöthig machten. Es war dabei Grundsatz,
immer eine sehr kräftige Nahrung, selbst ein Glas Bier oder Weiu
während des Esseus zu erlauben.

Wenn unter dem Einfluss dieser Medication der entzündliche Process
an der Retina und am Opticus rückgängig geworden und damit eine
Steigerung der Sehschärfe eingetreten war, dann konnten mit Erfolg die
Heurteloup'schen künstlichen Blutentziehungen, aber immer nur in
grossen Intervallen und selten mehr als 3 Mal in Anwendung gebracht
werden. Dieser Methode der Behandlung habe ich mich nun volle
15 Jahre immer mit demselben glücklichen Erfolge bedient, so dass ich
keinen Augenblick daran denken werde, sie jemals wieder aufzugeben.
Traf es sich, dass die Patientinen bei ihrer Allgemeinstörung immer
an kalten Füssen litten, so wurde des Abeuds beim zu Bette gehen
Priessnitz'sche Einwickelung der Füsse bis über die Knöchel gemacht,
ein Verfahren, das wegen der dadurch erzielten Ableitung vom Kopfe
nicht genug empfohlen werden kann.

Häufig waren bei den uns beschäftigenden Störungen die Rücken-
wirbel und ganz besonders der erste Brust- und die letzten Lendenwirbel
auf Drnck empfindlich. Hier erzielten kleine Vesicautien mit consecutiver
Anwendung von Reizsalbe fast immer eine völlige Beseitigung, selten
eine blosse Verminderung der Beschwerden. Wenn im Laufe der eingc-
schlagenen Behandlung intercurrent aus irgend welcher Veranlassung
Fluxionen zu den Centraltheilen stattfanden, so wurde die Application
von Senfteigen in Anwendung gezogen, denu abgesehen von ihrer deri-
virenden Eigenschaft bewirken sie nach den Untersuchungen Schüller's
eine Verminderung der Blutfülle des Gehirns durch Verengerung der
Piagefässe. Abreibungen der Haut mit Wasser, dessen reizende Eiu-

wirkung auf die Blutfülle der Haut durch Zusatz von Kochsalz erhöht
wurde, kam nach Aussetzen des Inunctionsverfahrens immer in Anwendung; in vereinzelten Fällen, in denen absolut keine Reaction von
Seiten der Haut zu ermöglichen war, wurde dieses Ziel durch Faradisirung
ihrer Oberfläche erzielt.

Hatte die eingeschlagene Medication eine Beseitigung des Entzündungsprocesses in den verschiedenen mitwirkenden Factoren erzielt, dann kam
mit Rücksicht auf etwa vorhandene atrophische Veränderungen in der
Retina und am Sehnerven das Argent. nitric. in Anwendung und zwar
in Pillenform, so dass 0,15 auf eine Pillenmasse von 30 Stück vertheilt
wurde. Dreimal täglich wurde davon eine Pille gegeben und so Monate
und Monate hindurch fort gebraucht. Es gibt kein zweites Mittel, das
unter scheinbar so ungünstigen Verhältnissen eine derartig befriedigende
Wirksamkeit entfaltet, wie eben das Argent. nitric. Schon früher habe
ich mich darüber ausgesprochen und kann hier nur nochmals hervorheben, dass das Mittel ohne alle Wirksamkeit bleibt, wenn der cerebrale
Reizzustand nicht erloschen ist. Strychnin in Form von subcutanen
Injectionen ist ebenfalls ein empfehlenswerthes Mittel, wenngleich nicht
so ausgezeichnet als Argent. nitr. Es hat aber den Vortheil, dass es
neben seiner stimulirenden Einwirkung auf die Energie des Sehnerven,
durch seinen Einfluss auf das motorische Centrum des Uterus ganz
besonders geeignet ist, auf die Rückbildung uterinaler Hyperplasien zu
influenciren. Ergotin, dem eine ähnliche Eigenschaft innewohnt, darf
nur mit grosser Vorsicht gebraucht werden, da es verengernd auf die
Piagefässe einwirkt und so indirect die Weiterentwicklung atrophischer
Processe am Sehnerven begünstigen könnte.

Meine Absicht, auf jene Fälle näher einzugehen, die im Laufe des
vorigen Jahres Gegenstand einer längeren klinischen Behandlung waren,
habe ich aufgeben müssen, da die einmal gesteckten Grenzen der Darstellung ohnehin schon weit genug überschritten sind. Sollte diese Arbeit
dazu beitragen, die Aufmerksamkeit der Fachgenossen auf den Einfluss
der Uterinleiden in der Hervorrufung von Gesichtsstörungen, mehr als
bisher geschehen, hinzulenken, so wäre ihr Zweck völlig erreicht.

www.ingramcontent.com/pod-product-compliance
Lightning Source LLC
Chambersburg PA
CBHW021528090426
42739CB00007B/827